城市老桥保护与修复的创新实践

韩振勇　编著

上海科学技术出版社

内 容 提 要

本书以天津的老桥为例,详细介绍了百年钢结构开启桥及 20 世纪 70 年代建成的预应力混凝土桥梁的保护与修复实践。

全书共分 7 章。第 1 章介绍了城市老桥概况以及城市老桥保护的发展方向。第 2 章介绍天津老桥的建设背景。第 3、4 章分别介绍天津海河解放桥加固、修复工程和金汤桥改建工程。解放桥和金汤桥是两座具有重要历史文化价值的百年钢结构开启桥,书中详述了钢结构铆接老桥修复的关键技术以及立转、平转式开启系统的修复技术。第 5、6 章分别介绍了狮子林桥同步顶升工程和北安桥改造工程。狮子林桥和北安桥修建于 20 世纪 70 年代,为简支单悬臂中间带挂孔的预应力混凝土箱梁结构,经过 30 多年的运营,基础沉降严重,通航净空不满足规划要求,桥面净宽亦不满足通行要求,书中详述了这两座桥梁的同步顶升技术和加宽技术。第 7 章介绍了针对其他老桥的保护工作。

本书是作者科研团队多年来研究成果和工程应用的集成,特色是以典型老桥为例介绍桥梁保护与修复工程的关键技术,主要面向从事桥梁设计、施工、管理的工程技术人员,也可以作为高等院校相关专业师生的学习参考书。

图书在版编目(CIP)数据

城市老桥保护与修复的创新实践 / 韩振勇编著.—
上海:上海科学技术出版社,2019.10
 ISBN 978 - 7 - 5478 - 4491 - 5

 Ⅰ.①城… Ⅱ.①韩… Ⅲ.①古建筑－桥－保护－天津②古建筑－桥－修复－天津 Ⅳ.①TU746

中国版本图书馆 CIP 数据核字(2019)第 121297 号

城市老桥保护与修复的创新实践
韩振勇 编著

上海世纪出版(集团)有限公司
上海 科 学 技 术 出 版 社 出版、发行
(上海钦州南路 71 号 邮政编码 200235 www.sstp.cn)
上海雅昌艺术有限公司印刷
开本 787×1092 1/16 印张 14.25
字数 220 千字
2019 年 10 月第 1 版 2019 年 10 月第 1 次印刷
ISBN 978 - 7 - 5478 - 4491 - 5/U•91
定价:120.00 元

本书编审委员会

主　任

▼

韩振勇

副主任

▼

张振学

参编人员

▼

王秀艳　王振南　杨江国　林　茂　王　英

审定人员

▼

陈惟珍　井润胜　张显杰　汤洪雁　奚　鹰

序

　　桥梁作为建筑的一种，其跨越能力随着材料的发展、结构认知水平的提升、施工方法和机具的改进等，一直处于快速发展中。相对而言，早期修建的桥梁材料性能较差、荷载标准较低，经过几十年甚至上百年的运营，结构不堪重负，已阻碍了城市交通的发展。天津作为中国近代最早开埠的城市之一，各时期修建的有代表性的桥梁众多，如双叶立转式活动轴开启的解放桥、平转式开启的金汤桥、简支单悬臂中间带挂孔预应力混凝土箱梁结构的狮子林桥等。这些老桥代表了当时的桥梁建造水平，具有重要的文物保护价值，城市建设发展与老桥保护的矛盾日益引起工程界甚至普通市民的关注，如何运用现代技术解决这一矛盾成为桥梁建设者必须解决的难题。

　　《城市老桥保护与修复的创新实践》作者韩振勇总工程师是我指导的学生，他对国家和故土有着深深的感情，研究生毕业后放弃出国留学的机会，将所学奉献给祖国。出于强烈的职业与历史责任感，韩振勇以其扎实的专业知识、丰富的工程经验以及极大的勇气，为天津老桥的保护而奔走，并承担了天津老桥的保护与修复工作。多年前，我曾应邀担任天津市的顾问，为天津老桥的复原和保护提出过一些建议。

　　本书介绍的是天津老桥的保护与修复情况，更是对国内老桥保护现状的折射。老桥作为古建筑的一种，是人类文明的瑰宝。在科学技术迅猛发展的今天,越来越多的新技术丰富了文物保护的形式。本书比较全面地介绍了老桥保护与修复的关键技术。可以预料,本书的出版将引起同行们的兴趣,并可为老桥修复提供参考。希望我的学生们继续努力,促进多学科融合发展,为人类的文物保护事业做出新的更大贡献。

项海帆

前言

　　本书作为城市老桥保护与修复相关书籍,旨在为广大桥梁建设技术人员提供一本可指导老桥修复设计、施工的技术性工具书。

　　作为桥梁建设传承与发展的重要环节,老桥的保护与修复工作具有特殊意义。以天津海河上的开启桥为例,建于 20 世纪初的解放桥、金汤桥均为钢结构开启桥,百年运营期间,经历战争、洪水、强震,桥梁结构承载能力部分耗散,开启功能丧失。而以解放桥、金汤桥为代表的老桥记录了当时的桥梁建造水平,经历了重大历史事件,具有重要的文物保护价值,对其进行复原并保护是桥梁建设者的责任,更是为后人留文物。文中详细阐述了解放桥、金汤桥的结构分析及优化、除锈技术、加固技术、开启系统修复技术等内容。20 世纪 70 年代,预应力技术方兴未艾,海河上又迎来一次桥梁建设高峰,以狮子林桥、北安桥为代表的三跨简支单悬臂中间带挂孔的预应力混凝土箱梁桥记录了这一时期的桥梁建造水平。至 21 世纪初,该类桥梁结构完整、功能完好,但经过 30 多年运营,累积的基础沉降使得桥梁通航净空不再满足规划要求,桥面狭窄,不再适合现代交通要求,如何解决结构功能完好与通行能力不足、桥下净空不足的矛盾是建设者们面临的主要问题。本书详细阐述了狮子林桥、北安桥改造过程中采用的同步顶升技术以及加宽技术。

　　作者多年来一直致力于城市老桥保护与修复工程的设计与施工工作,

以本书所述天津海河解放桥、金汤桥、狮子林桥、北安桥等城市老桥的修复改造工程为依托,主持了多项国家级、省部级科技攻关项目。本书是作者所带领的研究团队多年来理论成果和工程应用的总结,主要面向具有一定工程经验的技术人员,注重创新与实践,力求图文并茂,以实际工程案例的形式方便读者理解和掌握。

本书部分成果来自作者所主持的科研项目,工程设计案例均来自天津城建设计院有限公司主持设计的桥梁,工程施工案例来自天津城建集团及所属公司主持施工的桥梁。天津城建集团及所属公司、天津城建设计院有限公司、同济大学等单位为本书的相关研究提供了大力支持,于邦彦总工程师等桥梁专家、学者为城市老桥的修复与保护工作提出了很多有益的建议。在此对上述单位和专家学者以及参与本书内容研究的合作者表示衷心的感谢!

老桥保护与修复工作作为一项特殊的公益事业,需要社会各界的关心与支持。由于时间仓促和认识上的局限性,本书疏漏和不当之处在所难免,恳请广大读者不吝赐教,以便再版时修正。

作　者

目录

第 **1** 章

绪　论

城市桥梁,顾名思义指城市范围内修建在河道上的桥梁、跨线桥、立交桥及人行天桥等。随着桥梁使用时间的延长以及城市建设的发展,该类桥梁往往存在承载能力、通行能力、桥下净空不足及景观效果不佳等问题。而这些老桥尤其是百年老桥往往承载着历史,记录了当时的桥梁技术水平,经历过重大的历史事件,具有重要的文物保护价值。因此,决策者往往面临城市建设发展与老桥保护的矛盾。

本章介绍了城市老桥概况以及城市老桥保护的发展方向。

1.1 城市老桥概况

河流是文明的发源地,有了水,人类才能生存,所以城市最初都是沿河慢慢形成。与上海的黄浦江、苏州河一样,海河是天津的母亲河,见证了天津的发源、生息与荣辱。海河是中国五大水系之一,地处华北平原九河下梢,横穿天津市区。自天津北运河、子牙河交汇处至塘沽入海口的河段称为"海河",全长 72 km,最窄处 100 m,最宽处近 395 m,平均宽度 235 m,水深 6~7 m。天津位于海河流域下游,河湖水系丰富,有"九河下梢""河海要冲"之称。也正是因为地理位置的原因,天津成了清朝皇帝出巡所用船只的集合地。天津简称"津",意为天子渡过的地方,别名"津沽""津门"等,曾是首都北京的门户。

正是因为有了海河,才有了天津近代的发展。海河功能的变迁,记载着天津的经济结构和城市建设的历史。明永乐年间(1404—1406 年)京杭大运河疏浚整修,江南运粮船经海河上游到达大都(北京)。1409 年试航海运后,运粮大船从渤海口进入海河,在三岔河口换平底船转运北京,在河岸形成了大量人流聚集,促成了天津设卫筑城,至今已有 600 多年历史。

乾隆年间,天津已成为华北地区水陆交通的枢纽,鱼盐产销的基地,中国北方重要的运输集散地及经济重镇。19 世纪中期,随着铁路的发展,天津拥有交通便利、原料充沛及腹地辽阔的优势,促成了工业的快速发展。

1860 年第二次鸦片战争之后,西方强国先后在海河岸边划定了 15 km² 的九国租界区,迫使天津的封建自然经济结构解体,形成了近代工业,发展了商业金融,兴建了市政设施,在海河沿岸兴建了大量的工厂、码头、仓库和商业。

作为水运交通的发达地区,天津市内海河的船运量较大。随着陆运交通的不断发展,承载着船运任务的水系逐渐成为制约城市整体交通的天然阻隔。在这种情况下,修建满足陆路交通的跨河桥梁便不可避免。由于天津的发源和发展是临河而居,许多城市建筑和道路分布在水系两岸,市内的海河附近更是这种现象突出的集中区域,该区域道路和建筑的高程高出海河常年水位的高度甚小,这就产生了两种选择:

　　(1)修建固定不能开启的桥梁,为满足水运交通的船行净高,则需要将桥梁抬高,这就使得桥头的引路延伸相当的距离来拉坡,不仅造成沿河两侧道路在靠近桥梁处同时起坡以便顺接,而且桥头引路的延伸妨碍了沿河两侧的既有建筑。

　　(2)修建开启桥梁,可以充分兼顾沿河两侧道路和既有建筑确定桥梁的修建高度。天津水运条件的便利,加上港口的发展,使天津的商业在19世纪时有了快速的发展。各国的商旅在天津云集,天津的租界在沿河形成了不同的势力范围。各租界设立国为自己的交通便利,同时也为展示其独特的设计,在其租界区域均修建了开启桥,开启桥便这样在天津产生和逐步发展,而海河成为多座不同形式开启桥的展示场所。

　　据统计,20世纪初期,在海河及海河支流曾经修建的开启桥包括:单跨立转式的大红桥(西河新桥),定轴双跨立转式的金钟桥、金华桥和金钢桥,平转式的金汤桥,活动轴双跨立转式的解放桥等。至21世纪初,运营将近百年的钢结构开启桥饱经沧桑,结构退化严重,但作为国内开启桥的代表,这些老桥记录了当时的技术水平,具有功能价值、文物价值、科研价值及景观价值。因此,对其进行修复保护,并尽量保持原貌具有重大的意义。

　　随着天津城市的发展,越来越多商业及住宅临河而建。而预应力技术的进步大大推动了桥梁结构在体系方面的发展。20世纪70年代前后,在海河较宽的地方修建了狮子林桥、北安桥、光华桥、赤峰桥、广场桥、大光明桥等6座桥梁。这一时期建设的桥梁,主要是以钢筋混凝土材料为主,上部结构为预应力混凝土简支单悬臂箱型梁,中孔带挂孔,下部为钢筋混凝土灌注桩,代表了当时最先进的建桥技术。至21世纪初期,运营30余年的混凝土桥梁整体结构基本完整,但基础沉降严重,桥下净空不再满足通航要求,在新一轮城市建设中这一矛盾愈加突出,亟待解决。

　　与天津面临的问题类似,上海浙江路桥(建于1906年)及外白渡桥(建于

1907 年)、广州海珠桥(建于 1933 年)、山东济南泺口黄河特大桥(建于 1909
年)等均曾面临着城市发展与老桥保护的矛盾。如何利用、改造、加固老建筑
并继续发挥其功能成为一个很大的课题,尤其在历史悠久、多桥的城市更是如
此。较拆毁重建,修复保护方案在这些具有文化底蕴的城市中更多地被采纳。

1.2 城市老桥保护的发展方向

当前,我国桥梁已从大规模建设期转为建养并重的阶段,城市桥梁总量
大,建设年代跨度长,交通运营要求高,管理维护工作量大。随着城市建设的
发展,老桥改建、扩建工程日益增多,老桥利用的常规途径包括维修、加固、拓
宽、顶升等。改造利用老桥可减少工程建设工期,降低工程总造价。充分利用
老桥,还可减少废物处理费用,既节省大量材料,又有利于保护环境。今日之
新桥,即明日之老桥,老桥保护与修复技术的发展具有重要的实用价值。

20 世纪 60 年代,茅以升等老一辈桥梁专家曾为保护赵州桥这座世界上最
伟大的石拱桥付出艰苦卓绝的努力,为后人留下了这座世界现存最早、保护最
好的大型石拱桥,被誉为"天下第一桥"。当前,人类科技不断发展,对古代建
筑进行全面精细化的保护工作,是现阶段历史研究者以及文物保护者应重点
关注的方向。老桥作为一类特殊的古建筑,具有一定的使用价值,以及较高的
科研价值、文物保护价值,更是桥梁建设传承及发展中极其重要的环节,应引
起城市管理者及桥梁建设者的足够重视。

由于特殊的地理环境和历史原因,天津作为开埠最早的城市之一,历史上
修建了众多海河桥梁,包括 20 世纪初修建的大红桥、金华桥、金钟桥、金钢桥、
金汤桥、解放桥等钢结构开启桥,20 世纪 70 年代修建的狮子林桥、北安桥等预
应力混凝土桥梁,这些桥梁不同程度存在着承载能力不足、通航净空不足、通
行能力不足、景观效果不佳等问题,在新一轮城市建设中,老桥与城市建设的
矛盾更显凸出,在海河综合开发改造工程中,这些老桥以不同方式得以保护。

随着城市建设的加速,对老桥的保护工作紧要而迫切,人们开始更多地关
注老桥保护。广东百年老桥疑被开发商私自拆毁的消息令人深思,而"开发商
出资保护清代古迹,咸宁桥移建再现老桥风姿"的新闻则令人鼓舞。老桥保护
工作是政府、民间及桥梁建设者共同的责任,目的是取得城市发展与文物保护
的双赢。

5

第 2 章

天津老桥的建设背景

天津老桥的建设主要集中在两个时期,分别为 20 世纪初期修建的钢结构开启桥,以及 20 世纪 70 年代前后修建的预应力混凝土桥梁。在城市发展过程中,这两类老桥与现代城市建设的矛盾突出。

2.1　近代百年钢结构开启桥

茅以升先生 20 世纪 60 年代曾著文评点天津的铁桥,称赞可开可合的桥是天津"特产"。他写道:"合时桥上走车,开时桥下行船,一开一合,水陆两便,这是一种很经济的桥梁结构。"并指出,依照开合方式不同,天津"几乎各式皆备"。天津成为开启桥之都有其自然、地理及历史原因。

2.1.1　开启桥特点及分类

在通航河流或其他航道上建造桥梁,应确保通航自由。因此,桥梁的桥下净空应与航道等级相适应,最简单的解决办法就是建造高架桥。通常,项目建议阶段需就运输能力、建设费用、维修费用等因素对不同方案进行优劣比较,修建带有开启孔的桥梁是跨越航道的另一种途径。

一般来说,修建开启桥需同时满足以下两个条件:首先是河道上具有通航要求,其次是河流两岸较平缓。由于河流两岸地形平缓,为降低或取消桥头引道的高填土路堤,减少高路堤引道对周围环境的破坏,减少桥梁工程,同时确保河流的通航要求,往往修建开启桥。修建开启桥的河道上通航的船舶数量相对较少,其通行规则如下:当桥梁打开时,车辆交通中断,航道交通运行;当桥梁合龙时,车辆交通运行,航道交通中断。因此,开启桥一般用在河流需要有较大型船只通过,但是通过的次数不是很多的情况下。设置开启桥的河段上需要协调有序的交通管理,往往设有专门管理人员进行此项工作。由于开启桥开启时车辆无法通过,只能选择绕行或者等待开启桥闭合后通过,增加了开启桥周边交通组织难度,因此,对周边地区的交通组织设计成为开启桥运营后衡量其功能成败的一项重要考核内容。我国以前也有很多开启桥,但是随着经济的发展,开启桥基本不在方案讨论的范围之内。

开启桥作为建筑物,不仅是承受交通荷载的结构,还包括许多开启机械设备，如电动设备、信号和通信设备等，是机械工程与土木工程结合的产物。根据开启方式的不同，开启桥一般分为直升式开启桥、竖转式开启桥、平转式开启桥、平拖式开启桥等四种类型。

直升式开启桥将桥梁中间通航部分的一段桥身做成可以垂直升降的活动桥，其原理是在简支梁的两端桥台上竖立两座塔架，塔架顶设承重大滑轮或卷筒，将起吊钢丝绳组平行排列在轮槽中，一端连接简支梁端，一端连接平衡吊重，当桥提升时，驱动系统转动大滑轮，使梁体平行升高，平衡重相应下落，直至平衡重接近引桥或引道路面，此时主梁位于最高位置，代表性的直升式开启桥有天津海门大桥。

竖转式开启桥是将桥梁中间通航部分的一段或两段桥身做成可以在立面上竖向旋转开合的活动桥，可分为定轴开启和活动轴开启两种。单跨立转式的开启桥开启宽度较小，开启系统较简单，开启动力较小，在天津历史上被用于海河的上游支流河面宽度小的地方。

定轴双跨立转式开启桥开启后可以提供较大的水运宽度，其开启原理如下：固定跨和开启跨采用枢轴连接，开启时绕此固定枢轴转动，在转动时，利用设置于开启跨尾部的压重块体平衡大部分开启时桥梁重量所产生的抵抗力矩，因而只需较小的开启动力。而开启的动力装置设置于桥台内部不透水的地下室中。

活动双跨立转式开启桥不同于定轴双跨立转式开启桥，开启跨在开启时不是绕与固定跨连接的定轴转动，而是通过一套滚动设备——设置于固定跨的轨道及设置于开启跨的走行系统，使得活动跨同时发生在铅垂平面的旋转与水平滚动，达到开启跨一边开启一边向固定跨侧移动的目的，从而最大限度地提供开启航道。同定轴双跨立转式开启桥的开启原理类似，活动双跨立转式开启桥也设置了开启平衡重。我国唯一现存的活动双跨立转式开启桥为解放桥。

平转式开启桥是将中间通航部分一段桥身做成可以绕一根竖轴水平旋转的活动桥，通过电机或者液压设备驱动，克服转动时的滑动阻力或滚动阻力。历史上修建的平转式开启桥，需要克服较大的滑动摩阻力，而现代改进开启系统后的此类开启桥只需克服较小的滚动摩阻力，效率较高。平转式开启桥能充分利用水中墩两侧的主航道。金汤桥为天津现存平转式开启桥的代表。

平拖式开启桥是将中间通航孔一部分桥身在水平面拖拉，使得航道通畅，可充分利用中间通航孔。

2.1.2　开启桥修建背景

海河近代的桥梁建设大致经历了以下三个历史阶段。

（1）明末清初,海河上并没有桥,只有渡口,北运河及海河等主要河流两岸的交通往来主要靠渡船,有关渡、私渡和义渡三种,如图 2-1 所示。

图 2-1　天津三岔河口渡船

（2）康熙年间至清朝后期,逐渐出现了浮桥,在海河上先后有六座浮桥,即由一只只渡船相连,浮于河水之上,固定于两岸之间,随河水涨落而浮动的桥,也就是所谓的"联舟为桥",有船经过时则开启,船过后则闭桥,引桥是木材搭板,能够适应潮涨潮落的变化。海河上最早出现的浮桥是东浮桥,又称"盐关浮桥""孟公浮桥",也是当时最繁忙的桥,此桥连接人口众多的天津城厢与海河东岸地区,终日人来车往络绎不绝。随后又接连出现西沽浮桥、钞关浮桥(北大关浮桥)、院门口浮桥、窑洼浮桥、老龙头浮桥、刘庄浮桥(图 2-2)等。历史上,海河浮桥曾经是清代著名的"津门八景"之

图 2-2　刘庄浮桥

一："浮梁驰渡"，浮梁驰渡描述的就是海河上的各式浮桥勾勒出的景观。

（3）1860 年（第二次鸦片战争）以后，天津开埠。19 世纪末，海河淤塞严重，几乎无法通航。为此，1901—1924 年，天津陆续进行了 6 次裁弯取直工程，疏通海河，以使航运畅通。为了适应日益繁忙的交通需要，将海河上重要的浮桥改建为钢桥。

大红桥：1887 年在子牙河与北运河汇流处修建钢拱桥——大红桥，1924年被洪水冲垮，1937 年又重新建造大红桥。

金华桥（老铁桥）：1888 年建于旧督署后南运河上（今大胡同南口）。1917年海河裁弯取直时被移至北大关，也称"北大关桥"。

金钟桥：被称为"天津第二钢桥"，原建于小关大街西口，1917 年三岔河口裁弯取直，于 1920 年改建于三条石东侧南运河处。

金钢桥：1903 年直隶总督袁世凯主持开辟河北大经路（今中山路）的同时，又聘英、日两国工程师于旧桥下游 18 m 处设计新的金钢桥，1922 年该桥建成，解决了较大轮船上溯的困难，促进了日租界码头的修筑。

金汤桥：位于海河上游市区中心，为城厢及河北、南市一带商旅货物往来老龙头车站的必经要道。1906 年原浮桥改建成平转式开启钢桥——金汤桥。

解放桥：也称"老龙头桥"或"万国桥"，始建于 1902 年，1926 年为适应交通需要，又重新修建双叶立转式开启钢桥。

天津市内这些新型结构的桥梁，均为引用西方近代建筑技术和新型建桥材料建造的钢结构开启桥，使天津成为国内开启式钢桥最多的城市。这一时期是天津建桥史上的新阶段。天津开启桥建设规模大，工程耗资甚巨，由于开启桥解决了水陆运输间的矛盾，多年来推动着天津的城市发展。

上述 6 座桥梁中，除金钟桥、金华桥因种种原因早年被拆除重建外，其他 4座桥梁在海河综合开发工程中均通过不同的形式得以保存。其中，以本书所述的解放桥、金汤桥这两座开启钢桥的修复改造工程最具代表性。以解放桥、金汤桥为代表的开启桥，融合精密复杂的机械制造技术与桥梁建造技术，是机械工程与土木工程的完美结合，成为竖转式开启桥、平转式开启桥的经典。

2.2　20 世纪 70 年代修建的混凝土桥

预应力混凝土结构作为一种重要的桥梁结构型式，从 20 世纪 60 年代前后开始在我国得到应用,大大地推动了桥梁结构在体系方面的发展。1957 年,上海市开始在桥梁上应用预应力混凝土结构。当时我国的预应力混凝土技术尚处于起步阶段,其结构型式及施工方法可分为两大类:后张法张拉钢丝束预应力混凝土梁(锚固方法部分参考苏联考罗夫金锚头与法国弗列西奈锚头两种);先张法折线张拉粗钢筋预应力混凝土梁。

20 世纪 70 年代前后,天津海河上开始兴建三跨简支单悬臂预应力混凝土箱梁中间带挂孔结构。这种桥型在天津得以大规模应用的原因,可以从 1947 年李国豪先生《对于苏州河上桥梁之意见》中找到答案,李国豪先生提到,"目前国内钢铁缺乏,钢桥远较钢筋三合土桥昂贵,故修建苏州河上今后各桥之材料,自仍属钢筋三合土,但钢筋三合土之单孔直梁桥跨度有限,普通约为廿五公尺。苏州河面宽约六七十公尺,自须分为若干孔,但上海之土质不坚实,桥基多下沉不一,若用力学不等式之联梁桥,殊不适宜,因各桥基不平均之下沉,能使桥身受极大之压力而破裂也;若用若干单孔之简单梁前后相接,固无前述之弊,但梁身上弯矩之分布不如联梁之合经济原则,故最适宜者为有联梁之利而无联梁之弊之铰连式联梁。"由此可见,在当时,钢材稀缺昂贵,因而,三跨简支单悬臂预应力混凝土箱梁中间带挂孔结构最适宜用于地基沉降严重的地区。

根据 1973 年天津市政工程局地质勘探队发表的《天津地面沉降问题的探讨》,可详细探知天津地区地面沉降问题的严重性。文中提到,由于过量集中开采地下水,市区承压地下水头连年下降,地下水的开采漏斗范围逐年扩大,造成了以大直沽、白庙工业区为中心的区域地面沉降漏斗。据精密水准测量资料,1966—1972 年,6 年内累计最大沉降量为 0.54 m,仅次于上海的沉降量;市区地面的区域性下沉,对城市建设带来了一定的危害。整个市区的历年平均沉降速度为 44.95 mm/a,在 6 年内合计下沉 259.8 mm,如表 2-1 所示。

表 2-1 天津市区历年地沉速率 (mm/a)

年平均沉降幅度						历年平均沉降	历年平均沉降累计
1967 年	1968 年	1969 年	1970 年	1971 年	1972 年		
37.6	18.1	65.0	28.1	60.9	50.1	44.95	259.8

和上海类似,天津地区地面沉降严重,建桥时,必须考虑地面沉降对桥梁结构的影响。三跨简支单悬臂中间带挂孔结构配合当时先进的预应力技术,

形成了 20 世纪 70 年代前后海河桥梁的主要结构型式,先后在海河较宽的地方修建了狮子林桥、北安桥、光华桥、赤峰桥、广场桥、大光明桥等 6 座桥梁。这一时期建设的桥梁,主要是以钢筋混凝土材料为主,上部结构为预应力混凝土简支单悬臂箱型梁,中间带挂孔,下部为钢筋混凝土灌注桩。而狮子林桥和北安桥就是这一时期海河桥梁建设的代表性工程。

2.3 老桥与现代城市建设的矛盾

海河穿过城市中心地带,展现着津门"沽水流霞"的优美风光,这一段海河虽不过长 6～7 km,但建有各个时期、风格各异的大桥,成为天津的标志性景观。随着城市建设的发展,很多古建筑正面临着生存危机,天津的老桥也存在相同的问题。

至 21 世纪初,海河上的老桥越来越多,随着运营时间的增加,老桥基础沉降问题凸显,结构老化问题严重,且原设计标准不满足日益增加的交通压力。随着城市建设的快速发展,老桥与现代城市建设的矛盾日益突出,海河老桥亟待加固修复,具体表现在以下三方面:① 老桥设计标准低,通车通行能力有限,部分老桥需拓宽。且承载能力部分耗散,桥梁结构亟待加固。② 由于城市地下水的过度开采等原因,导致桥梁基础沉降严重,老桥净空不再满足 VI 级航道的通航要求。③ 部分桥梁景观效果较差,与以观光旅游为主的海河景观不相称,景观效果有待提升。

至 2003 年海河开发综合改造时期,解放桥总体结构状态尚好,故准备实施维修加固,恢复其开启功能。金汤桥作为目前国内仅存的三跨平转式开启钢桥,经过近百年的使用,桥梁局部构件已严重锈蚀损坏,成为危桥。因此,对金汤桥在尽量恢复原貌的基础上进行重建,并恢复其开启与交通使用功能。以解放桥、金汤桥为代表的百年钢结构开启桥饱经沧桑,结构退化严重,但其为国内现存唯一的双叶立转式开启桥及平转式开启桥,均经历过历史重大事件,记录了当时的技术水平,具有功能价值、文物价值、科研价值及景观价值。因此,对其进行修复保护,并尽量保持原貌具有重大的意义。本书以解放桥和金汤桥为例,对百年钢结构开启桥的修复技术进行完整阐述。

至海河开发综合改造时期,经过 30 多年的运营,以狮子林桥、北安桥为代表的预应力混凝土桥梁整体结构基本完整,但天津地区为软土基础,随着运营时间的增长,这一时期修建的混凝土桥梁基础沉降严重,桥下净空不再满足通航要求,随着海河旅游开发项目的进一步推进,桥下通航问题亟待解决。随着城市的发展,该时期桥梁宽度普遍不再满足桥上通行要求,桥面亟待拓宽。如何实现在不损坏结构的前提下,将现有桥梁提升一定的高度满足通航的要求?怎样既可以继续发挥现有桥梁功能,同时又能尽量减少交通断行的时间? 采取何种设计方法可以将施工时间、费用等减至最低? 面对这些难题,天津开创国内旧桥同步顶升改造的先河,陆续对狮子林桥、北安桥等多座桥梁进行顶升改造,同时实现了桥梁长高、断交时间最少、费用最低的目的。本书以狮子林桥和北安桥为例,对桥梁同步顶升技术等进行完整阐述。

第 3 章

解放桥加固与修复工程

解放桥(1927 年竣工)是中国唯一的双叶立转式开启桥,经历战争、洪水和强震,损毁及锈蚀严重,见证了城市的历史,成为保护性文物。经合理评估、全面模拟分析,以景观艺术性、历史传承性及科技创新性为宗旨,采用体系结构优化减轻恒载,将当代技术融入老结构中,从而延长寿命和提高开启可靠性,对解放桥进行成功修复加固,使其重获新生。

3.1　解放桥历史背景

鸦片战争以后,外国人之所以看中了天津这座“风水宝地”,纷纷在那里设立租界,除了它的地理位置紧邻京畿,更重要的原因是它邻近渤海,并有一条大河直至大沽海口。在没有飞机的条件下,洋人来华只能乘船漂洋过海的年代,进入北京必须从这里上岸,所以一直有天津是北京的门户之称。

正是因为有了海河,“火轮”进入天津,才有了天津近代的发展。但是,也正是因为天津有了这条海河,两岸的交通受阻。海河西岸从北向南排列,分别为“华界”的老天津卫城、日租界、法租界、美租界、英租界、德租界。海河的东岸为奥租界、意租界、俄租界、比租界。特别是海河西岸如果要去位于海河东岸的天津站很不方便。因此,迫切需要建一座既能沟通海河两岸交通,又不至于影响海河航道通航的大桥。

最早提出建桥设想的是“八国联军”法国远征军司令华伦。1901 年万国桥立项,法国领事馆提出由法国里尔第五公司(CoMPagnie de Fives Lille)承建此桥。该公司是一家资深的公司,世界上第一辆蒸汽机车和第一条蒸汽铁路、法国巴黎塞纳河上的亚历山大三世桥、法国奥赛火车站的钢结构骨架、埃菲尔铁塔的观光电梯等举世闻名的建筑艺术品均由这家公司完成。

1902 年该桥建成,它位于如今解放桥下游几十米处。这座桥连接法租界和天津站,也就是当时的“老龙头火车站”,所以习惯上称它为“老龙头铁桥”,而它正式名称为“万国桥”(以下称“旧万国桥”),如图 3 - 1 所示。1901 年 7 月12 日,《天津都统衙门第 170 次会议纪要》中提到:桥梁将永远作为一座国际桥梁对中外一切人士开放,因此被命名为“万国桥”(international bridge)。这是一座旋转式开启的铁桥,海轮通过的时候,桥梁开启。

图 3-1　天津旧万国桥

　　万国桥既是连通法、俄、意三个租界的咽喉要道,又是通往火车站的必经之路。随着经济日趋繁荣,交通压力俱增,这座老的万国桥(1902—1928 年)已不能满足往来老龙头车站的陆运交通要求。1923 年,驻津各国领事团会商重建新桥。筹建工作由法租界工部局主持,海河工程局曾参与审标。最后,从 17 家投标者的 31 种设计方案中选定美国芝加哥施尔泽尔桥梁公司的开启桥设计方案,工程交由法国著名营造商戴德·萨德与施奈尔公司承包,英国生产建

图 3-2　新旧万国桥曾一度同时存在

桥的钢材。由于施工难度较大,建桥工期长达 4 年。1927 年 10 月 18 日新桥开放剪彩,工程费用为白银 152 万两。历史上新旧万国桥曾经一度同时存在,如图 3-2 所示,位于该桥下游的旧万国桥于翌年拆除。

　　抗战胜利以后,国民政府将 1927 年建成的这座新“万国桥”更名为“中正桥”。1949 年以后,将“中正桥”更名为“解放桥”。老的解放桥启闭状态下,通车及通航状况如图 3-3 所示。

图 3-3　解放桥启闭时的交通状况

　　1970 年前后，为防止海水倒灌，在天津郊区的军粮城至葛沽之间修建了一座隔离咸、淡水作用的"二道闸"，把海河拦腰截断。海轮从此不再进入天津市区，只能停靠在塘沽地区的海河下游和大沽口外的"新港"。

3.2　解放桥结构型式

　　解放桥为三跨钢桁梁结构开启桥，跨径布置为 24.232 m＋46.94 m＋24.232 m，中跨为开启跨，桥面宽 12.2 m，主桁左右各有 2.75 m 宽的人行道。桥梁下部结构由两个桥墩、两个桥台及台后挡墙组成。两墩中距 49.94 m，台墩中距 24.232 m。桥墩建在宽 8.5 m、长 22.0 m、高 6.0 m 的沉箱上，沉箱下沉深度比河岸低 25.60 m，河床承压能力不小于 2 kg/cm^2，不计侧摩阻力。基础之上为两个直径 4.5 m 的混凝土墩柱，柱顶用钢筋混凝土帽梁连接，固定支座安装在帽梁垫石上。桥台建在宽 4.0 m、长 23.0 m、高 10.0 m 的沉箱上，桥台由混凝土浇筑，砌石镶面，翼墙及邻近堤岸用石块砌筑，活动支座安装在台帽垫石上。台后挡墙由混凝土筑成，基础建在直径 0.3 m、长 13.72 m 的木桩群上(图 3-4)。

图 3-4　改造前解放桥

　　上部结构的两个边孔均为跨长 24.232 m 的下承式简支钢桁梁，主桁中距 14.48 m。中间一孔是跨长为 46.94 m 的下承式施尔泽尔(Scherzer)开启体系钢桁梁，主桁中距 13.21 m。解放桥桥型布置图如图 3-5 所示。开启系统通过电动机输送动力，由齿轮组、动轮、齿条、弧形梁、平衡重密切配合运动，将末端齿轮轴的水平移动转化成扇形齿在固定齿梁上的滚动，使桥梁有控制地徐徐向后仰起，完成桥梁的开启动作。桥梁开启后，两墩之间有 42.7 m 的自由航道。解放桥为活动轴竖转开启，开启角度可达 89°，开启过程如图 3-6 所示。

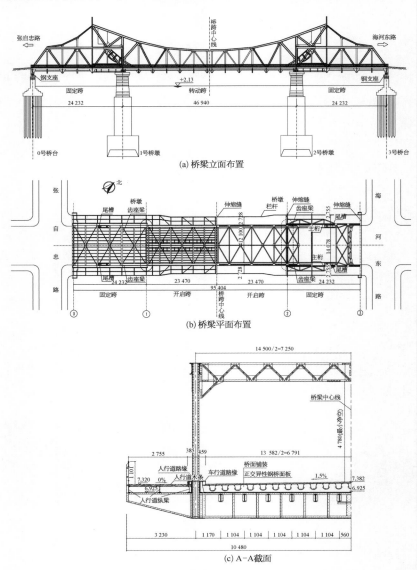

(a) 桥梁立面布置

(b) 桥梁平面布置

(c) A-A 截面

图 3-5 解放桥桥型布置图

 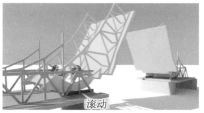

图 3 - 6　解放桥开启过程示意图

3.3　解放桥修复前的技术状态评定

3.3.1　维修加固历史

根据档案资料调查,历史上解放桥得到了及时有效的维护管理,如表 3 - 1 所示。解放桥历经沧桑,技术资料严重散失,原设计图纸几乎荡然无存。自建成至 1981 年,虽经多次维修,但多着手桥面工作,未对结构进行过系统全面的维修工作。

表 3 - 1　解放桥检测维修历史概况

序　号	时间(年份)	检 测 及 维 修 内 容
1	1927(建成后)	进行荷载试验
2	1931	进行特殊荷载通过的验算
3	1953	翻修固定跨桥面
4	1955	补修开启跨桥面
5	1957	再次修补桥面
6	1958	进行荷载试验
7	1959	对桥面、接缝、防水层做了较大的修换
8	1962	对固定跨钢筋混凝土路面进行修整
9	1965	对开启跨锈蚀部位局部加固(最后一次成功开启)
10	1977	抗震加固
11	1981	喷砂、防锈、涂漆
12	1982—1983	桥梁状况调查和结构检测
13	1983—1984	桥梁加固,并将开启跨桥面更换为正交异性板结构

1958 年,天津大学对解放桥进行了一次较大规模的检测试验,但基于当时的条件限制,未给出明确的结论,也未提出具体维修措施。

1982—1983 年,由天津市市政工程研究所和天津市道路桥梁管理所合作,通过整理解放桥在天津市档案局和天津市工程勘测设计院留存的资料并进行调查分析,将残缺的图纸整理、修补,复制 167 张图纸,通过现场的实际测量更正了 57 处原图与实际不符的问题,并撰写了《解放桥图纸整理说明》,为进一步掌握该桥历史与原始设计思想奠定了良好的基础。在此基础上,进行荷载试验、材性试验和墩台振动测试等。通过详细的结构检查和测试,得出了如下主要结论:

(1)除地震和战争导致桥梁损伤外,自然锈蚀为主要病害,下弦节点锈蚀严重,尤其是活动跨大节点,不仅节点板受损严重,而且多数横梁腹板已锈穿,各部位锈损均有发展加重的迹象。

(2)实测应力与挠度均小于理论计算值,考虑桁杆次应力后,杆件应力均在容许范围之内。结构总体承载能力高于汽车—15 级荷载设计标准。但考虑截面损失后的应力水平已临近《公路桥涵设计通用规范》要求和材料容许应力。

(3)从实桥检测结果来看,桥梁竖向刚度较强。桥墩通过振动测试,状况较好。

1983—1984 年,根据上述检定结论与建议,对解放桥采取了如下加固措施:

(1)局部重砌翼墙、系梁、护岸等混凝土与砌石工程,桥墩、桥台、桥面、平衡重等处的裂缝压入环氧树脂和环氧水泥胶。

(2)桥面系更换成钢结构正交异性板,支承于原横梁上,上铺磨耗层。

(3)对锈蚀严重的小节点进行更换处理,在锈蚀较重处的大节点增贴加强钢板,并用特制螺栓替代铆钉。

(4)全部杆件、部件、附属钢结构进行检修、整形。

(5)全桥重刷防锈油漆。

解放桥曾在 1965 年成功开启过。最后一次试开启是在 1970 年,但未能启动,主要原因是:开启设备在"文革期间"未保养,传动机件已损坏,线路也需要大修;由于历次更换桥面,桥面自重已达 250 kg/m²(原设计为 220 kg/m²),自重增加,电动机负荷不够;结构本身杆件系统节点损坏,结构本身能否适应,未能确定。

1982 年设想保留开启能力,因为当时国内仅此一座能开启的桥梁,并想用现代液压开启方式代替原来开启方式。但考虑到较大船只都停泊塘沽港口,不再进入市内,而且上下游桥梁均已建成固定方式,限定了道航净空。经研究认为,解放桥已无开启必要。因此,在后来的大修中,没有对开启系统进行修复。

3.3.2 修复前桥梁病害检测

21 世纪初,海河综合开发改造时期,解放桥已经过 80 年的运营,受多重病害与损伤,诸如油漆退化、锈蚀、杆件扭曲变形、连接松动等病害严重,其承载安全存在隐患。桥梁结构几经改变,经过多次修复,原来的技术参数变化很大,给桥梁开启系统修复带来很大的困难。

天津城建设计院与同济大学联合两次(2004 年 2 月、2005 年 3 月)对解放桥的历史档案进行整理,经过在天津市档案馆和道桥管理部门等多处调研,尤其经过对原桥的现场大量测绘,将残缺的图纸做了整理修补,完整恢复原桥的设计图纸,通过现场的实际量测更正了原图与实际不符的问题以及部分尺寸缺失的问题。并对解放桥进行了实桥荷载试验和病害检测,就解放桥技术状态进行了全面评定,检测手段如下:

(1)根据铆接钢结构桥梁病害特点,选择全桥近距离目视检测和全桥关键部位的超声波无损探测两种主要方法,并辅以锤击等方法。

(2)根据主桥构造,设计现场检测记录表格,保证全面、迅速、准确地记录病害位置、病害类型以及病害发展程度。

(3)根据桥梁各杆件的受力特点,定出超声波探测的具体位置。

(4)全桥检测与探伤,包括超声波探测、目视检测、病害表格填写、病害标识拍照。

(5)检测资料的整理和存档。

检测结果显示,解放桥主体结构保存尚好、整体刚度较完好。由于解放桥一直以来实施有效的限载措施,超声波裂纹探测并未发现桥梁主要结构构件存在疲劳裂纹。依据解放桥本次技术状态评定结果,主要病害包括:钢结构锈蚀锈胀、杆件永久变形、接头松动、开启系统损坏等。

(1)桥梁主体结构锈蚀锈胀分析。

解放桥油漆脱落现象普遍,而在一般大气环境中,油漆防护失效是造成钢构件锈蚀的直接原因,表面铁锈易剥落,并形成诸如锈坑、锈疤、锈缝等病害,严重锈蚀直接影响结构的受力性能。铆接桥梁的锈蚀多发于板间、缀条(板)

连接处、杆件交叉、梁端伸缩缝附近和桥面以下的下弦及节点等部位,以上敏感部分的锈蚀在全桥普遍存在。

通过检测确认,在桥龄、构造型式、环境、运营及养护条件等因素的影响下,解放桥的锈蚀病害始终处于缓慢发展状态。解放桥桥面排水存在设计缺陷,开敞式桥面排水使得下弦节点部位容易聚集垃圾和雨水。桥面下弦节点处,由于上焊盖板,常年通风不良,水分不易挥发产生恶劣的锈蚀环境,构件连接处的锈蚀普遍发展,同时由于桥上渗漏污水以及垃圾堆集,使得节点中间发生鱼鳞坑状锈蚀。横梁与节点交界处锈蚀严重,部分腹板锈穿,端部下缘角钢与下缘贴板锈损,下平联节点板垃圾堆积且锈蚀严重如图 3-7、图 3-8 所示。

图 3-7　桥面纵横梁垃圾长期堆积、构件锈烂

图 3-8　横梁锈蚀、钢板锈穿

具体如下:

① 板间接缝处,由于板沿积水发生锈蚀,生成铁锈膨胀,随着水的进一步侵入,锈蚀向深处发展,致使板角翘起或角钢鼓起变形,板边开裂,缀条连接处锈蚀严重,如图 3-9 所示。

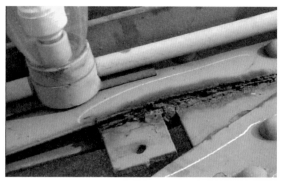

图 3 - 9　板边锈胀翘曲、开裂

② 固定跨混凝土桥面板防水层失效,钢板和桥面板混凝土接缝处由于水的渗入发生锈蚀,固定跨主桁与混凝土桥面板连接部位锈胀如图 3 - 10 所示。

图 3 - 10　固定跨主桁及横梁与混凝土桥面板连接部位严重锈蚀

(2) 杆件永久变形、接头松动分析。

① 永久变形一般是指弯曲、压曲、扭曲、拉伸或这些变形的组合。由于构造缺陷、超载、锈胀、车船撞击等原因,解放桥个别人行托架及连接杆变形、横梁加劲角钢屈曲变形、缀合竖杆锈胀变形等,如图 3 - 11、图 3 - 12 所示。

② 接头松动可能由于连接板和铆钉锈蚀、过度振动、超应力、开裂或某些铆钉失效造成。接头或构件的永久变形,有可能是接头松动引起。铆钉松动情况下,将不参与工作。有时通过肉眼无法观察,须用锤子敲击。桁架下垂,一般指示接头松动或失效。由于 20 世纪建造时铆钉制作工艺粗糙以及室外恶劣环境长期作用,解放桥上铆钉存在多种病害,如烂头、浮高、飞边、铆钉缺失等,如图 3 - 13 所示。

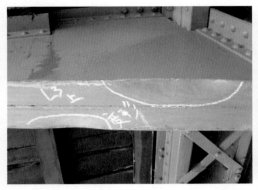

图 3‑11　人行托架受到船撞而发生变形、横梁加劲角钢屈曲变形

图 3‑12　连接杆变形、缀合竖杆锈胀变形

图 3‑13　铆钉锈蚀、连接松动脱落

（3）开启系统损坏分析。

经磁粉探测,解放桥机械系统部分传动齿条报废,必须按照原样制造。由于设计缺陷等原因,结构与机械接口构件普遍出现锈损、变形或磨损,开启系统钢结构锈蚀病害尤其严重。如存在齿座梁结点部位垃圾堆积、开启系统内部积水及锈蚀严重、混凝土平衡块脱落、平衡重型钢骨架严重锈蚀等严重病害,具体如下:

① 经长期风吹雨打,开启系统部分零件锈蚀严重,电气驱动及控制系统已无法辨识,电线、电缆、接线板已老化,无法继续使用。电机处于铁箱内,无法检查,据档案调查,年代久远,应更换。技术资料散失严重,结构本身杆件系统节点损坏,如图 3 - 14 所示。

图 3 - 14　修复前失效的开启系统

② 齿座梁结点构造复杂,垃圾堆积,下翼缘锈胀变形。由于存在原始设计缺陷且缺乏维护保养,开启机械系统齿道发生撕裂破坏,锈蚀严重。齿座梁上方齿槽内积尘积水严重,锈层达 20 mm 厚,承载能力削弱非常严重,如图 3 - 15～图 3 - 17 所示。

图 3 - 15　齿座梁节点部位垃圾堆积、齿座梁下翼缘锈胀变形

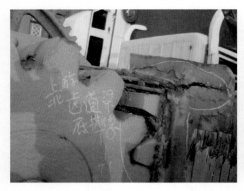

图 3-16　开启机械系统齿道产生撕裂破坏、齿座梁上方齿块积水锈蚀

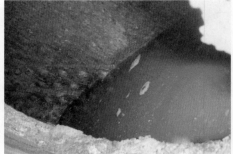

图 3-17　弧形梁维修部位锈胀变形、半封闭空间内部积水锈蚀严重

③ 弧形梁维修部位严重锈胀变形,中腹大量积水,内部腹板锈蚀,截面损失严重。

④ 平衡重混凝土块白化,端部开裂,边缘剥落严重,平衡重型钢骨架严重锈蚀,如图 3-18 所示。

图 3-18　平衡重混凝土块白化剥落、型钢骨架严重锈蚀

3.3.3 实桥荷载试验

解放桥加固修复前,对其静动力性能进行全面测试,准确评估桥梁的实际承载能力和使用寿命,掌握其结构性能,并将实测数据与理论计算值进行对比,修正理论计算模型,进而实现对解放桥工作状态的模拟。

荷载试验采用 2 辆 20 t 重车和 4 辆 15 t 轻车,两列并置模拟双车道偏载。共实施 10 个静载加载工况和 4 个动载加载工况。测试内容包括:

① 主要受力杆件在静荷载下的应力以及结构整体竖向刚度。

② 主要构件动荷载作用下的动应力响应以及主桁振动参数。

③ 主要杆件 24 h 应力监测。

各测试内容对应的测点布置如下:

① 主要杆件在静荷载下的应力:根据初步受力分析,选取受力较大的主要杆件或部位进行静载应力测试,包括主桁下游侧杆件 15 处,作为对比选取上游侧杆件 2 处,桥面系横梁 1 处,共布设 46 个静载应力测点,使用电阻丝应变片和 DH3815 静态数据采集系统。

② 竖向刚度:在固定跨跨中下游侧下弦布设测点一个,在活动跨跨中下游侧下弦布设测点一个。

③ 动荷载的动力增量

共布设 6 个动荷载测点,包括上下弦杆及桥面系横梁,使用 YD-21 型动态应变仪和 LabVIEW 数据采集系统进行动力增量的数据采集。

④ 主桁振动特性

在固定跨跨中下游侧下弦安放横向和竖向拾振器,上弦安放横向拾振器。在活动跨跨中下游侧下弦安放横向和竖向拾振器,上弦安放横向拾振器。

⑤ 主要杆件 24 h 应力监测

对动荷载测量中的 6 个测点进行 24 h 应力监测,测点布置如图 3-19 所示。

综合分析实测荷载试验结果与有限元模型计算结果,得出以下结论:

① 从试验加载各工况所得各杆件及桥道横梁的应变值可知,应变回零情况良好,反映了桥跨结构处于弹性工作状态。

② 固定跨跨中挠度实测值很小,说明竖向刚度较大。活动跨跨中挠度实测最大值为 17 mm,小于规范允许值 L/800＝62 mm,结构竖向刚度良好。

③ 重车以 40 km/h 速度行驶时,固定跨跨中最大横向振幅为 0.07 mm、

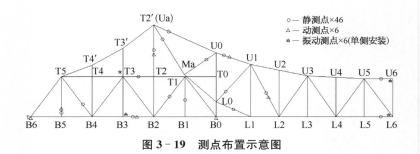

图 3 - 19 测点布置示意图

最大竖向振幅为 0.21 mm,活动跨跨中最大横向振幅为 0.26 mm、最大竖向振幅为 2.28 mm。由实测振动曲线经频谱分析得出,桥跨结构一阶竖向自振频率为 2.1 Hz,与理论计算值 2.06 Hz 接近,小于 1982 年实测值 2.54 Hz,说明 1983 年加固对桥梁动力性能有所改变。

④ 实测冲击系数为 1.09～1.14,且随速度增加而线性增加,与计算值 1.10 基本吻合。

⑤ 计算模型的静、动力特性与荷载试验的实测结果较吻合,能够较好地反映桥梁现有的实际工作状态,所建立的有限元模型可以用于承载能力复核和估算桥梁结构的疲劳损伤。

3.4 解放桥加固修复原则及对策

3.4.1 加固修复原则

按照天津市海河综合开发工程总体规划要求,从满足使用功能、传承历史文化、突出建筑景观等方面出发,确定了"修旧如旧"的原则,对解放桥进行修复与加固,具体如下:

(1)不改变原车行道与人行道净宽,桥上净空 4.5 m,桥面设 1.5% 的双向横坡,不设纵坡,桥面抬高部分由引道接顺。

(2)修复后桥下净高增加 60 cm,使其满足净高为 4.5 m 的内河Ⅵ级通航航道标准。

(3)车行道和人行道桥面铺装应充分考虑恢复原桥风貌、减轻恒载重量。

(4)对开启系统进行彻底修复,采用先进科学的受力和传动设计,满足每天开启一次的要求。

（5）加固后荷载等级为：三车道汽车—15 级，人群荷载 4 kN█

（6）在必要的保养维护条件下，桥梁结构加固后的使用寿命至少█████

（7）进行景观提升，纳入灯光美化设计。

3.4.2　加固修复对策

解放桥地处火车站繁忙地段，交通流量很大，保证其安全使用至关重要。根据技术状态评定结果，在主体结构不变的前提下，加固部分杆件与节点，恢复开启功能，重现原始设计思想十分必要，也是可行的。改造与加固对策方案如下：

（1）板间锈胀为解放桥普遍性病害，根据除锈与防锈专项研究成果处理桥梁锈蚀（胀）病害，采取防锈措施。对可拆卸的板件，应拆开并消除板间铁锈，矫正锈胀变形，再行连接，并作防锈处理。对不可拆卸的板件，切除锈损部分，补焊钢板，再拼接加强板。全桥应全面除锈，尤其是边角、节点部位应清除已有锈层，重涂防锈油漆。

（2）桥道系与主桁下弦节点相交部位应重点加强，实施步骤为：先除锈，确认锈损程度后再加固。加强板件厚度与尺寸应按实际放样确定。

（3）主桁杆件锈蚀较重的部位应补强，特别严重部件应更换。

（4）开启时，齿座梁、弧形梁承受活动跨重量，是主要受力构件，应清除锈层，补偿锈损截面，保证其具有足够承载能力，必要时应重新制造。

（5）齿轮与传动轴应除锈，重新油漆。电机、电线、电缆全部更换，新安装的电气设备应布置整齐有序。桥上照明应结合大修，重新统一设计，以保证解放桥美观。

（6）通过顶升、优化桥面系设计等方式，增加通航净高。

（7）由于桥面加重，使得混凝土平衡块体积加大，为维持原桥平衡重尺寸，平衡重改为部分铸铁与部分混凝土的形式。

（8）改造加固前，必须进行详细的加固设计。设计时应做更深入、更全面的计算分析。

3.5　解放桥铆接工艺

3.5.1　铆接基本原理

铆接在钢桥中应用已有一百多年历史，铆接一般具有韧性和塑性好、传力均匀、连接质量容易检查、对主体材质质量要求较低等特点，比较适用于重要的、承受动荷载作用的钢结构。其缺点是：搭接较多，钉孔削弱杆件，施工中的制孔和打铆费钢费工，要求技工具有较高的技术水平。

铆钉是铆接结构中最基本的连接件，由圆柱铆杆、铆钉头、镦头组成。常见的铆钉形式有：半圆头铆钉、平锥头铆钉、沉头铆钉、半沉头铆钉、扁圆头铆钉和扁平头铆钉等。参考标准包括：《半圆头铆钉（粗制）》（GB/T 863.1—1986）、《小半圆头铆钉（粗制）》（GB/T 863.2—1986）、《平锥头铆钉》（GB 864—1986）、《沉头铆钉》（GB 865—1986）、《半沉头铆钉》（GB 866—1986）、《半圆头铆钉》（GB 867—1986）、《平锥头铆钉》（GB 868—1986）、《沉头铆钉》（GB 869—1986）、《半沉头铆钉》（GB 870—1986）、《扁圆头铆钉》（GB 871—1986）、《扁平头铆钉》（GB/T 872—1986）。在各种铆接中，强固结合用半圆头铆钉和密固结合用半圆头铆钉两种铆钉应用最为广泛。一般钢制铆钉的材料采用 A3 和 A2 普通碳素钢，或符合《普通碳素钢铆螺用热轧圆钢技术条件》要求的 ML2 铆螺 2 号、ML3 铆螺 3 号普通碳素铆螺用钢，以及 10、15 优质碳素钢。

铆接分为热铆、冷铆两种铆合方法。由于桥梁用钢材的性质较为坚硬，冷铆方法外观上很难达到铆钉钉头的外观尺寸要求，因此选用热铆。解放桥改造工程中铆接工作同样均为热铆。热铆是铆钉加热后进行的铆接，钉杆一端形成封闭的钉头，同时镦粗铆钉杆充满钉孔，冷却时，铆钉长度收缩，使被铆件之间产生压力，造成很大的摩擦力，从而产生足够的连接强度。

铆钉加热的温度取决于铆钉的材质和施铆方式。如果普通碳素钢铆钉采用铆钉枪铆接，应加热到约 1 000 ℃；用压铆机铆合时，应加热至约 700 ℃。铆钉的终铆温度应在 450～600 ℃，终铆温度过高，会降低钉杆的初应力；终铆温度过低，易发生脆裂现象。因此，热铆铆钉的过程应尽可能在短时间内（20 s 内）迅速完成。由于铆钉在长度方向的冷缩受到钢板的阻止，钉杆内产生内拉应力，将钢板压紧，使连接件十分紧密，当连接件受力时，接触面上产生很大的摩擦阻力，从而提高了连接的工作性能。铆钉内的预紧力大小与板厚及打钉终止时的温度有关，一般在 1 500～2 000 kg/mm² 范围内。热铆时不允许在蓝脆温度下继续进行打铆，以免脆裂。

施铆方式有手工铆、风枪铆和液压铆三种。风枪铆一般利用 6 kg/mm² 的高压风作动力，冲打安装在风枪口上的铆钉窝子，在急剧锤击下完成铆钉。其优点是不受铆钉所处的位置限制，上下、左右都可以进行铆接。液压铆一般分为固定式和移动式两种。由于液压压力大,铆钉只需烧到 800℃ 即可,具有劳动力少、生产效率高、无噪声、铆接质量好的优点。

典型的铆接工序包括:铣孔、烧钉、投钉、接钉、顶钉、施铆。由于工艺制作的不规范,往往会导致铆钉出现缺陷,如钉头过大或过小、铆接不严或偏歪、偏头、裂纹、松动以及板面刻凹等。

3.5.2　铆接试验

解放桥为修建于 1927 年的铆接钢桥,钢材限于当时技术,杂质比较多,硫、磷含量高,钢材表面渗入大量氮元素,这些原有钢材在受热的状态下,容易变脆。因此,解放桥原有钢材与目前新型钢材连接时不宜采用焊接方式,而应采用高强度螺栓连接或铆接。为保持解放桥的原始风貌,原铆接方式依旧保留,更换构件的连接将采用铆接工艺。

然而,一方面,由于钢桥的钢板较厚,铆接方法和铆接措施存在若干技术与工艺上的问题需要解决;另一方面,由于栓接和焊接工艺的发展,桥梁铆接工艺已极少应用,熟练的桥梁铆接技工极其缺乏,传统铆接工艺几近失传,而新一代铆接技术尚无规范可循。需通过试验来检验新一代铆接设备和工艺制作,并制定具体的施工工艺、操作规程及设计准则,以保障解放桥关键构件连接的可靠性。

考虑到铆接工艺对技工的技术水平要求较高,而解放桥需要缀合的钢板层数多、总厚度大,在缺少熟练技工,施工难度较大的情况下,如何制定好铆接操作中的各种工艺参数、确定铆钉的合理尺寸是修复工程需要重点解决的问题。根据解放桥构造特点,选取不同板层数与铆钉数,进行了 8 种铆接接头的工艺评定试验,以模拟实桥构件连接方式。工厂制作完成试件后,切开检验各项工艺指标,进而改进铆接工艺。通过相关的力学试验测试构件铆接的力学性能,为设计提供试验数据支持。

1) 试验用钢料及设备

解放桥修复工程铆接结构材料包括原桥的钢材(相当于 A3 钢)及新钢材 Q345qD 钢材,板厚规格有 8 mm、10 mm、12 mm。型材为 Q345qC 钢,规格主要有 L75×10、L80×8、L125×12。铆钉选用不经表面处理的半圆头铆钉,直径为 22 mm,材质为 BL3。铆接试件如图 3 - 20 所示。

试验用的主要设备包括铆钉枪、热电耦合加热炉,分别如图 3 - 21 所示。

图 3‑20 铆接试件

铆钉枪   热电耦   加热炉

图 3‑21 铆接设备

2）铆接工艺评定

解放桥铆接工艺流程：构件紧固→修孔（铰孔）→铆钉加热→接钉与穿钉→顶钉→铆接。考虑到解放桥的施铆位置变化多，施铆方式选用风枪铆，即利用 6 kg/mm² 的高压风作为动力施铆。根据图纸的铆接接头形式，对确定的 8 种铆接试件，针对钉孔直径、温度、铆钉长度要求进行工艺评定试验。

（1）铆钉长度确定。铆接的钉杆如果过长，铆成的钉头就会过大或过高，容易使钉杆弯曲；钉杆过短，则墩粗量不足，钉头成型不完整，影响铆接强度和紧密性，或刻伤板料。铆钉长度的确定是铆接工艺中的重要环节。钢制半圆头铆钉未铆合前钉杆长度 L 计算为

$$L = \alpha \sum \delta + \beta d \qquad (3\text{-}1)$$

式中 $\sum \delta$——板厚（总厚度）；

         d——铆钉直径；

         α 和 β——调整参数。

各符号意义如图 3-22 所示。

通过多次铆接试验对公式中的参数进行修正,最终确定 $\alpha = 1.1$, $\beta =$ (1.65~1.75)。用修正过的公式计算全桥各种铆接形式所需的铆钉长度,并逐一进行试验验证。

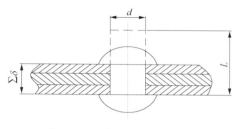

图 3-22　铆接构件示意图

(2) 铆钉与板件充实度检验。在钉头外观尺寸检验合格的铆接接头中抽取试件,检验铆钉与板件的密实程度。检查时,每钉量测三个截面的钉径,其平均值与孔径差小于 0.4 mm。检验结果表明,外观上铆钉基本充满了整个钉孔,用塞尺测量钉杆与孔的间隙在 0.05~0.15 mm,符合规范要求,如图 3-23 所示。

图 3-23　铆钉与板件充实度检查

(3) 铆钉加热温度及终铆温度。铆钉加热控制对铆接性能有较大影响。加热温度取决于铆钉材料和施铆方式。采用风动铆钉枪铆接普通碳素钢铆钉时,应加热到 1 000~1 100℃,并去除表面附着的铁屑。

铆钉内的预紧力大小与板厚及打铆终止时的温度有关。经过高温施铆的铆钉在长度方向的冷缩受到钢板的阻止,钉杆内产生预拉应力,使连接板件紧密贴合,当连接件受力时,接触面上产生很大的摩擦阻力,从而保证了缀合板件共同受力及均匀传力的工作性能。为保证产生 1 500～2 000 kg/mm² 的预紧力,铆接的终铆温度应严格控制,一般控制在 450～600℃。钢的温度与火色及铆接工艺试验数据如表 3-2、表 3-3 所示。

表 3-2　钢的温度与火色对照表

颜　　色	火　　　　色	温　　度(℃)
黄白色		1 250～1 300
亮黄色		1 150～1 250
暗黄色		1 050～1 150
橘黄色		880～1 050
亮红色		830～880
亮樱红色		800～830
樱红色		780～800
深樱红色		750～780
暗樱红色		650～750
赤褐色		580～650
暗褐色		530～580

表 3-3　铆接工艺试验数据表

序号	合计板厚(mm)	铆钉杆长度(mm)	加热温度(℃)	铆接时间(s)	终铆温度(℃)	终铆板厚(mm)
1	20	60.5	1 060	14	500	19.7
2	22	62	1 050	15	520	21.5
3	26	66	1 020	15	490	25.8
4	28	69	1 020	14	500	27.2
5	32	73	1 030	15	550	31.5
6	52	95	1 030	16	500	51.5
7	56	98.5	1 030	17	500	55.3
8	62	105	1 020	17	500	61

（4）铆接工艺试验结论。

① 试验的各种铆接接头完全能代表全桥铆接形式。

② 试验的各铆接钉头经外观检验、尺寸检验，质量合格。

③ 试验所确定的钉杆长度、热铆温度、铆钉充实度等可应用于解放桥的生产制造中。

④ 工艺试验数据可作为编制解放桥铆接工艺的依据。

3.5.3　铆接施工要点

按照解放桥原齿座梁及弧形梁构造制成两个局部模型进行试铆，基本程序为：待铆构件紧固且修孔（铰孔）合格后，采用铆钉枪进行热铆，包括铆钉加热、接钉与穿钉、顶钉、铆接。该工序一般 4 人一组，协同合作，其中一人负责加热铆钉及传递铆钉（要求既能观察火色控制铆钉加热温度，又能及时供钉），另一人负责接顶与穿钉（此人应与前一人用未加热的铆钉站在不同高度与位置，练习数次以达到熟练的程度），其余两人负责顶钉和掌握铆钉枪。操作者必须做好足够的安全防护。为保证工作质量，按现场的铆接形式（搭接、对接、角接）与位置方向（水平方向、垂直方向、倾斜方向）模拟制成几种试铆工件，试验并总结经验，形成基本铆接施工要点。

（1）下料、钻孔与铆钉选配。下料、钻孔的重点是钉孔精确定位，现场组装均在刚性胎架上进行。板件采用数控精密钻孔制孔，零件孔采用钻孔胎具或数控钻床进行制孔。为便于穿钉，钉孔直径取 23.5 mm，比钉杆直径略大。构件组装前清除钉孔飞刺、铁锈及油污。铆钉的数量、直径与长度均按设计图选配。

（2）紧固被铆件与修整钉孔。核实杆件的规格、编号，并检查钢板质量（钉孔毛刺、平整度）合格后方可组装。利用冲钉使各零件上的钉孔相互对准，每组钉孔应打入 10% 的冲钉，并不少于 2 个。通过临时螺栓使零件相互紧贴。螺栓数目不少于钉孔总数的 30%，一般每隔 250～300 mm 至少有一个螺栓。如出现错心孔，需用铰刀修整钉孔使之同心。为使待铆件之间不发生错动，修整的钉孔应一次修完。铰孔顺序为先铰未拧螺栓的钉孔，铰完后拧入螺栓，然后再将原螺栓卸掉进行铰孔。

（3）铆钉加热控制。可采用焦炭炉加热铆钉，焦炭炉安放的位置应尽可能接近铆接现场，焦炭炉尽量做得轻巧、便于移动，并设接灰渣的底盘，炉渣集中处理,注意防火,防污染。焦炭的粒度需均匀且不宜过大。按照铆接顺序,把各种长度的铆钉依次摆放。加热时,铆钉在炉内要按排摆放。钉头稍高些,钉与钉之间相隔适当距离,铆钉烧到橙黄色时(900～1 100℃)改为缓火闷烧,使铆钉内外受热均匀,钉杆比钉头温度略高,即取出铆钉进行铆接。不能使用过热或加热不足的铆钉。在加热铆钉过程中,应随时在空位补充需要加热的冷铆钉,并要经常将烧钉钳浸入水中冷却,避免钳把导热烫手或变形。

(4)接钉与穿钉。加热后,铆钉一般采用扔钉和接钉的传递方式。因此,负责加热的工人还需熟练掌握扔钉技术,扔钉要做到稳和准,确认接钉人索取铆钉后再扔,以防漏接发生人身事故。向烧钉者索取铆钉时,可用穿钉钳在接钉桶上敲击两三下,给烧钉人发出扔钉信号,接钉时,应将接钉桶顺着铆钉运动方向,后撤一段距离,使铆钉得到缓冲,避免铆钉撞出桶外,穿钉动作要迅速、准确,才能争取铆钉在高温下铆接,接钉后,快速用穿钉钳夹住靠铆钉头的一端,在硬物上敲掉铆钉上的氧化层,快速将其穿入钉孔。

(5)顶钉。顶钉是在铆钉穿入钉孔后,用顶把顶住铆钉头的操作。顶钉的好坏将直接影响铆接质量。不论用手顶把或气顶把,顶把上的窝头形状、规格都应与预制的铆钉头相符。"窝"宜浅些,以利于顶钉时铆钉头与板件表面贴靠紧密。用手顶把顶钉时,动作要快,应使顶把与钉头中心成一直线,开始顶钉要用力,待钉杆镦粗胀紧、钉孔不易退却后,可减小顶把压力,并利用顶把的颤动反复敲击钉头,使铆接更加紧密。

顶钉时,操作者必须佩戴手套和护目镜,顶把过热时,应浸入水中冷却。使用气顶把顶钉时,需掌握好开关,以免由于振动而使顶把失去作用。在杆件倾斜时,应采用斜铁顶钉,斜铁与杆件、铆钉一定要紧密,不得出现松动;在空间受限直顶把不能达到的地方,采用弯顶把进行顶钉;在直顶把与弯顶把都不能达到的杆件中间,采用撬顶把进行铆接。

(6)铆接。铆接开始时,采用小风量,待钉杆镦粗后加大风量。逐渐将钉杆外伸部分打成钉头形状,如出现钉杆弯曲、钉头偏斜时,可将铆钉枪对应倾斜适当的角度进行矫正,钉头成型且正位后,铆钉枪微斜地绕钉头旋转一周打击,使钉头周围与构件表面密贴,但不允许窝头刻伤构件表面。窝头与铆钉枪过热时,应更换备用铆钉枪及窝头。为保证铆接质量,压缩空气的工作压力应控制在 0.5～0.6 MPa,铆钉枪的开关应灵活、可靠,禁止碰撞,经常检查铆钉枪与风管接头的螺纹连接,如发现松动应及时紧固,防止铆钉枪与风管接头的连接松动产生事故。铆接结束后,应将窝头、铆钉枪保管好,以备再用。

3.5.4　铆接质量检验

(1)铆接质量检验原则。

① 成品检查验收按《钢结构工程施工及验收规范》(GB 50205—2001)执行。

② 检查成品的外观质量,孔周围的飞边、毛刺应清除干净,暴露在外部的气切切口要用砂轮磨平。

③ 钉头检验:包括钉头表面光洁度、尺寸规格、氧化程度等。

④ 铆钉抽检:抽检数量每节点不少于 20%。依照制定的铆钉缺陷对照表,采用外表检查法,并结合铆钉头敲击检查,以发现不合格铆钉。

⑤ 经全面自检合格并填好自检记录后,请专检人员进行检验,确认合格后,方可进行除锈,涂漆工序。

(2)铆接质量检验方法。

① 用目测的方法直接检验铆钉表面有无裂纹、铆钉镦头的大小、歪头和板面凹陷等缺陷。

② 用样板检验铆钉头镦粗情况。

③ 用小锤敲打铆钉镦头,从锤击响声判断铆接的松紧。

④ 用厚薄规(塞尺)检验各零件间的紧密程度。

(3)铆接试验件主要问题分析及对策如表 3‐4 所示。

表 3‐4　主要问题分析及对策

序号	出现的问题	原 因 分 析	对 策 措 施
1	铆钉头偏移或钉杆歪斜	铆钉枪与板面不垂直,风压过大使钉杆弯曲,钉孔歪斜	保证两者在同一轴线 铆接时风门应由小逐渐增大 钻孔时刀具应与板面垂直
2	铆钉头未与板件表面密合	孔径过小或钉杆有毛刺	检查铆钉与孔径
		压缩空气压力不足,导致停铆	保证空气压力
3	板件接合面间有缝隙	孔径过小 板件间贴合不严	检查孔径大小 检查板间是否贴合

序号	出现的问题	原 因 分 析	对 策 措 施
4	铆钉形成突头或刻伤板料	铆钉枪位置偏斜 钉杆长度不足 罩模直径过大	铆钉枪与板件垂直 确定准确钉杆长度 更换罩模
5	铆钉杆在铆钉孔内弯曲	铆钉杆与钉孔的间隙过大	开始铆接时应采用小风门
6	铆钉头有裂纹	铆钉材质塑性差 加热温度不当	试验铆钉材质 控制加热温度
7	铆钉头周围有过大的帽檐	钉杆太长 罩模直径太小 铆接时间过长	正确选择钉杆长度 更换罩模 减少打击次数
8	铆钉头过小,高度不够	钉杆较短或孔径过大 罩模直径过大	加长钉杆 更换罩模
9	铆钉头上有伤痕	罩模击在铆钉头上	铆接时紧握铆钉枪,防止跳动过高

（4）实施效果。

铆接试件的铆钉表面无裂纹,铆钉镦头没有歪头和板面凹陷等缺陷。用小锤敲打铆钉镦头时,清脆响亮,没有松哐声。随机选取几个铆钉头进行破坏性试验,铲掉铆钉头,用塞尺检查铆钉件与钉孔的间隙标准,所有铆接合格率达100%。在此基础上,圆满完成解放桥主要杆件及齿座梁、弧形梁等关键构件的铆接工作。

3.5.5　铆接施工

1) 铆接工具与设备

（1）修孔用工具。

① 矫正冲（又称"过眼冲"）：为两端细、中间粗的光滑圆柱体,最大直径等于标准孔径,矫正冲用于构件层较少、偏心距小的复合孔,以挤压的方式使孔壁产生塑性变形,使之同心。

② 铰刀：用来扩孔的专用刀具,一般装在电钻或风钻上,对因偏心用矫正冲无法矫正的钉孔修整。

（2）加热铆钉的工具。

① 烧钉钳：加热铆钉时用来向炉内摆放或提取铆钉。钳嘴长 $100\sim$

150 mm,钳把长 700～800 mm,最佳尺寸应以使用人操作方便、实用为准。

②　穿钉钳:是夹持烧红的铆钉穿入钉孔的专用钳子。为了穿钉准确迅速,使用轻便灵活,钳嘴按钉杆直径做成弧形,最佳尺寸以操作者使用方便、实用为准。

③　接钉桶:烧红的铆钉常用扔接的方法传递,接钉者持接钉桶来接取。接钉桶可用薄铁板制成,要求轻便坚固、使用方便。另制 4、5 个钉盒,按长度放置冷铆钉备用。

④　铆钉加热炉:有高频加热炉、焦炭炉等。高频加热炉卫生、高效,是铆钉加热的首选,但一次性投资较大,无后续铆接工程,会造成长期闲置。焦炭炉可自制,用鼓风机送风助燃,场地相对固定时炉体可稍大些,现场维修加固要求移动方便时炉体可小些。

(3) 铆接铆钉的专用工具。

①　液压铆钉机:具有铆钉和顶钉两项功能,能产生均匀、较大的压力,铆接质量和铆接强度都较高,且无噪音,但投资较大,如无后续铆接工程,会长期闲置。

②　铆钉枪:是铆接的主要工具,配置相应窝头和冲头进行铆接和冲钉工作。要求枪体体积小、操作方便,可进行各种位置的铆接,根据进度要求需配置 5～8 支铆钉枪。

③　顶把:其作用是顶住铆钉头进行铆接,常用的有 3 种。其中,抱顶把是靠操作者抱着顶钉;压顶把是利用杠杆原理顶钉的一种顶把;气顶把是利用压缩空气顶钉的专用工具。

2) 去除旧铆钉的工具及方法

维修加固中,更换杆件要去除旧铆钉,检查发现有裂痕、脱皮、弯曲、压损现象的旧铆钉应去除、更新。铆接的新钉质量不合格要去除重新铆接,更换时可铲去不大于连接处铆钉总数的 10%,但如连接处铆钉少于 10 支,只能一只一只更新。

①　钻除钉头:先用手锤在钉头顶部重合钉杆轴线的位置敲出一个平面,用样冲冲凹,再用小于钉杆直径的钻头钻孔后用风冲冲出。

②　锯断钉头:用小型手持圆盘锯锯断钉头,再用风冲冲出。

③　切断钉头:用等离子切割机切割钉头,先将铆钉头预热,预热时,割嘴垂直于铆钉,预热速度要快,预热时要防止烤到钢板,开始切割时,割嘴接近、

平行于钢板,先在铆钉中央自上而下切一条缝,使铆钉头分作两半,然后切除一半,再将另一半切除。

3)铆钉的选配

铆钉的直径、长度与孔径均按设计图选配。本工程均采用材质为铆螺 3 号钢的铆钉,$\phi 22$ mm,孔径 23.5 mm,铆钉长度根据经验公式计算。

4)铆接操作安全要求

(1)桥上搭设的各层铆接工作平台应牢固可靠,周围设护栏,下设防护网。

(2)工作前应检查工具是否齐备,并穿戴必要的防护用品。

(3)铆合须对正,铆钉人和顶钉人要互相配合,必须先顶紧再铆,顶钉人和铆钉人要错开站立。

(4)铲钉时,要看清周围是否有人,防止误伤,钉头将切断时要轻打,严禁对面有人。

(5)使用的夹钉钳要与铆钉直径相符,钳口、钳柄不得有裂缝。

(6)高空作业时,应站在牢固的脚手架上,系好安全带,禁止上下直线同时作业,工具材料应放置平稳,脚手架下不得有易燃物品。

(7)配备救生衣、救生圈等水上救护用具。

5)风动铆钉操作安全要求

(1)工作前必须检查铆枪、风顶把、风管阀门等是否完好,并经常清洗加油。

(2)吹净风管内杂物后连接风把,以免灰尘进入铆枪内,风管接头用卡子卡紧。

(3)带风压装卸风窝时,不可横向操作,枪口应向上或向下,不要看枪口。

(4)拉、安风管时要平顺,不得扭曲,高空作业时,风管应绑紧在架子上,工作时不得骑在风管上。

(5)不管是风顶或是抱顶,顶把人必须站在侧面,与铆钉人错开站立,施铆时铆钉枪正前方不得站人观看。

(6)抛接钉时,抛钉经过的路线不许有人经过或站立,操作人员必须戴安全帽、石棉手套、防护眼镜。高空抛投时,必须经过训练,获得熟练的技巧,投钉人和接钉人联系一致,看准目标,应向接钉人旁边投,不能过快,接钉时头部闪开,侧身伸臂顺势用接钉桶接住,并应经常冷却烧钉钳和穿钉钳,以防烫伤人及烧坏钳口。

（7）烧钉用炉火应严加看管,炉底与木平台之间应垫石棉板,清理出的热炭渣应及时浇灭、降温、收集在一起,集中处理,工作完毕后应熄灭炉火,清除余烬,拉闸断电,防火、防污染。

（8）配备灭火口、水箱等消防用品。

6）拼装安全要求

（1）拼装各种构件时,下部要垫稳,上部拉杆要拉牢,单个构件两边应支撑牢固。

（2）厂内大件拼装应搭设工作平台,平台应牢固、可靠,以防变形或压垮。

（3）使用起重机吊着拼装时要有专人指挥,必须慢升慢落,联接足够的螺栓、冲钉后才可松钩。

（4）高空拼装时,应站在牢固的脚手架上,下面不得有人,工具配件应放稳,防止坠落,工作完毕后,收好工具再下来。

（5）高窄构件完工后应平放,不得竖立放置。

7）铆接施工

解放桥修复工程中,主桁结构构件之间的连接均采用铆接,铆接质量安全可靠,铆接现场施工如图3-24所示。

图3-24　铆接接钉与穿钉、顶钉

工厂、现场铆接施工结果显示,使用新一代铆接设备和新工艺的解放桥钢结构铆接质量良好,保持了原桥风貌,保证了结构连接安全可靠,传承了铆接工艺。

3.6 板件脱漆除锈工艺

3.6.1 锈蚀原因分析

解放桥结构锈蚀成因包括以下三项。

（1）材质的特性影响。在多数情况下，钢铁的腐蚀是电化学腐蚀过程。电化学腐蚀是钢铁和介质发生电化学反应而引起的腐蚀。由于介质的不同，形成阴极和阳极，从而发生电子流动产生腐蚀。

（2）环境的影响。解放桥所处的特定环境为邻近海洋，污染的工业城市气候所造成的硫化物、氮化物、碳化物等有害物质超标，跨越海河环境湿度大，冬季桥上和桥下温差较大造成结露，以上均是造成锈蚀的主要环境原因。

（3）结构形式的原因。解放桥独特的结构形式使得其间存在许多板缝，板缝间容易积存腐蚀介质，进而产生腐蚀；结构使用过程中产生拉力，在腐蚀环境介质的作用下加速腐蚀速度；由于构造问题，弧形梁、齿座梁等关键构件积水，锈蚀严重。

3.6.2 脱漆除锈实验方法

解放桥杆件的阴角、板边间、铆钉周边及难以达到的空间为历次除锈较弱部分，锈蚀严重。如不进行维修改造，锈蚀速度加快，结构将处于危险状态，甚至有导致结构倒塌的可能。然而，我国旧桥的修复经验较少，尤其对于解放桥这样的钢结构开启桥，可参考的资料更少。解放桥板件除锈工作特点：① 桥体已成型，节点构造繁杂，需通过实验确定适宜的处理方法。② 施工工期短，在施工过程中需要多工序穿插配合。③ 锈蚀部位多，且锈蚀情况非常严重，需要研究出彻底的除锈措施。④ 对于节点板缝内、挡板下以及锈蚀杆件内部等不易除锈的部位，需通过实验找出可行的除锈方案和可靠措施。采用手动工具、动力工具及化学制剂等三种除锈方法，对普通表面、锈胀部分、阴阳角、铆钉周边、节点、板缝处等部位除锈，并进行桥体涂装试验及破坏性实验。

1）人工脱漆除锈

解放桥除锈位置复杂，锈蚀严重，采用通用及自制手动工具、特制及进口动力工具、通用电动气动工具等进行全面彻底除锈。在解放桥钢结构桥体上选择具有代表性的实验点 10 处,其中钢构立面底漆完好 2 处、板角铆钉部位 2 处、杆件立缝 2 处、窟型交接点 2 处、严重胀锈板缝 2 处。

(1)底漆完好处。采用针束凿铲机和钢丝刷清除面漆,如图 3－25 所示。

(a) 针束铲凿机清除面漆　　　　　　　　　　(b) 钢丝刷打磨

图 3－25　底漆完好处钢板脱漆处理方式

清除面漆后,发现上部结构灰色底漆完好,纵横梁及下弦杆处红色底漆基本完好。用针束凿铲机将所有面漆打掉,再用钢丝刷打磨平整后,用棉布擦拭,再用高压气吹去余物,基材处理至没有松动的旧漆膜及杂物后涂装底漆。经检测,原有漆的疲劳强度、与新漆的结合强度以及排斥等技术指标均符合要求。

(2)板角处、铆钉部位处理。首先用钢束铲将大块铁锈剔除,再将铅笔头式钢丝刷、异形磨具等分别安装到手提电钻上,对铆钉边角及板角处进行打磨,直至缝隙内除锈等级达到 St3 标准,除锈效果理想,如图 3－26 所示。

(3)窟型交接点内部处理。窟型交接点杆件汇集,且与横梁、上平联等连接,形成窟状,空气流动差,锈蚀程度比较高,且作业空间小,有一定的施工难度。尤其是阴阳角、铆焊、板缝锈胀处施工难度大。施工中采用小型手提式抛丸机,动力工具夹用异型磨具进行打磨,除锈达到 Sa2.5 标准,如图 3－27 所示。

(4)杆件立缝锈蚀处理。将钢锉安装到手提电钻上,使钢锉在缝隙内部旋转,将缝隙内杂物、漆膜及锈蚀物清除。将钢锉卸下,安装铅笔式钢丝刷,用同样方法进行打磨,直至缝隙内达到 St3 标准,如图 3－28 所示。

(a) 异型磨具打磨角落

(b) 铅笔头式钢丝刷处理铆钉周边

(c) 钢束铲处理板角

图 3 – 26　板角处、铆钉部位的实验过程

(a) 凿铲机除锈

(b) 角膜机清除顽固污锈

(c) 抛丸除锈

(d) 抛丸后效果

图 3 – 27　窟型交接点实验过程

(a) 用钢锉进行初步处理　　　　　　　　(b) 用铅笔式钢丝刷打磨

图 3‑28　杆件立缝锈蚀处理实验过程

（5）节点处锈胀处理。锈蚀的节点缝隙部位，首先使用凿铲机对能够达到的深度进行清除，再使用扁刀、小锯条对缝隙内工具难以达到的地方进行手工清除，最后用电动钢丝刷等工具对整个节点进行打磨，达到 St3 要求。对重度锈蚀节点部位，使用小锤轻轻对锈蚀部位振动敲击，再用钢束铲剔凿，如图 3‑29 所示，使不太牢固的氧化层剥离，用毛刷刷净后再进行振动敲击，反复操作至锈蚀物剥离，然后采用电动钢丝刷等除锈。

对严重锈胀变形的节点部位采用以上方法处理后，对翘起的钢板起鼓处

(a) 凿铲机对缀条处间隙的处理　　　　　　(b) 凿铲机处理后的效果

(c) 用钢束铲剔除　　　　　　　　(d) 人工手动工具处理后达到St3标准

图 3‑29　节点锈胀部位处理过程

进行冷矫、整形,对锈蚀严重且强度已不合格的钢板进行更换或补强。

2) 化学脱漆除锈

利用高压喷射化学试剂脱漆、除锈,并考察其实验效果,以便与人工机械除锈进行比选。

(1) 脱漆实验。

选点:在解放桥钢结构桥体上选择具有代表性的实验点:钢构立面 3 处(2 处直立面、1 处斜立面),平面 1 处,立缝 1 道,板件节点 1 处和背面角 1 处。

实验:在不经过任何处理条件下,直接采用高压喷射脱漆剂的方法在实验点进行喷射。每间隔 5 min 进行一次,共进行 6 次。化学脱漆效果如表 3-5 所示。

表 3-5 化学脱漆实验效果

编 号	时 间				
	5 min	10 min	15 min	20 min	30 min
典型实验点 1	无颜色变化	颜色加深	出现裂纹	表面脱落	底层脱落
典型实验点 2	无颜色变化	无颜色变化	颜色加深	裂纹加深	表层脱落
典型实验点 3	无颜色变化	无颜色变化	颜色加深	裂纹加深	停
典型实验点 4	无颜色变化	无颜色变化	颜色加深	裂纹加深	停

表 3-5 所示第 3 次喷射后漆面发生起皱,开始脱落,再用扁铲轻轻刮落露出底漆。第 5 次喷射后底层漆基本脱落,但仍有部分与金属面结合紧密的底漆残留。下一步可采用喷涂带锈防锈底漆进行处理,以节省脱漆时间,且不影响中间漆、面漆的涂装效果。

(2) 除锈实验。

选点:解放桥桥体锈蚀比较严重的部分约占整体的 15%,多集中在板件节点及背角面,是全桥除锈的关键,也是本次实验的重点。除锈实验选择有代表性的一个节点及一个平面进行,即两钢板夹缝深达 3 cm 锈蚀的节点 1 及严重锈蚀的平面 2。

实验:在不经任何处理条件下,采用高压喷射器喷射除锈剂,每间隔 5 min 喷射一次,共进行 5 次,实验效果如下。

节点 1 锈蚀完全脱落,可见深 3~4 cm、表面呈黑灰色的磷化膜。

平面 2 已露出金属光泽凹凸面,可观察到 2~3 mm 厚的锈蚀斑点已去除,其表面已形成灰黑色的磷化膜,在金属表面形成新的保护层。

由以上实验可知,化学试剂脱漆及除锈效果比较理想。

3）脱漆除锈工艺比选

比较人工脱漆除锈及化学脱漆除锈效果可知,两种方式均可以达到理想效果,但是考虑到化学除锈以后,钢材表面残留的酸根离子极有可能对漆膜产生永久影响,化学试剂使用时可能对环境造成污染,因此,选择人工脱漆除锈方案进行解放桥修复工程。

3.6.3　基材处理检验标准

考虑解放桥的特殊性,针对不同部位和不同的锈蚀状况,采用不同的脱漆除锈方法并制订不同的检验标准,执行《涂装前钢材表面锈蚀等级和除锈图谱等级》(GB/T 8923—1988)和《涂装前钢材表面粗糙度等级的评定(比较样块法)》(GB/T 13288—1991),根据实验结果,制定了不同部位的标准照片。

（1）喷射除锈等级达到 Sa2.5 级。表面应无可见的油脂、污垢、氧化皮、铁锈和油漆涂层等附着物,任何残留的痕迹应仅是点状或条纹状的轻微色斑,如图 3‑30 所示。

（2）节点缝处理达到 St2 级。表面应无可见的油脂和污垢,并且几乎没有附着不牢的氧化皮、铁锈、油漆涂层和杂物,铆钉阴阳角处及锈胀缝隙处应达到 St2 级,如图 3‑31 所示。

图 3‑30　钢材表面 Sa2.5 级

图 3‑31　节点缝隙 St2 级、阴阳角处检验标准

（3）手动和动力工具除锈等级达到 St3 级。钢材表面应无可见的油脂和污垢、氧化皮、铁锈和油漆涂层等附着物，除锈等级应比 St2 更为彻底。底材显露部分的表面应具有金属光泽，如图 3-32 所示。

图 3-32　钢结构基材表面 St3 级

3.7　涂装工艺实验

3.7.1　涂装工艺

根据解放桥结构特征，采用无气喷涂、有气喷涂与刷涂、蘸涂相结合的方法，涂料采用脂肪族聚氨酯涂料。为得到高质量的涂层，需要在大气条件良好时进行涂装。当空气温度低于涂料干燥及固化温度极限（一般涂料 5℃ 以下）、起雾、结霜、下雨、飘雪或雨雪即将来临等条件下均不得进行涂装。

喷漆的施工工序为：检查基面除锈标准、喷涂底漆、测量底漆膜厚度、打磨、喷面漆、检验膜厚、打磨、再局部喷涂、再测量面漆膜厚度。针对不同杆件和部位制定涂装工艺如下。

（1）大面积的平面板部位采用无气喷涂工艺。

无气喷涂是不需要借助空气压力，直接给涂料加压，使涂料在喷出时产生雾化的施工方法，涂装效率高，不受涂料品种和被涂物形状限制，涂膜质量高，并能减少油漆浪费，适用于较大面积喷涂。

（2）缀条和缀板等较小面积构件采用空气喷涂工艺。

空气喷涂工艺施工设备简单，涂膜光滑，能够满足施工要求，尤其适用于缀条和缀板等较小面积的构件，如图 3-33 所示。

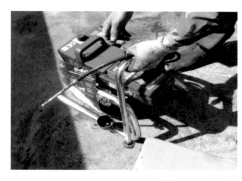

图 3 - 33　无气喷涂和空气喷涂

（3）针对铆接点、锈胀拼板、夹缝等部分的涂刷工艺。

① 对于一般的板缝部位，使用羊毛刷蘸涂环氧聚酰胺涂料，润湿缝隙内部，8 h 后，使用扁铲填充环氧油性腻子，将缝隙抹平。干燥 2 d 后，使用砂纸打磨，对整个拼板部位进行喷涂，如图 3 - 34 所示。

图 3 - 34　板间缝隙及蘸涂工艺

② 对于细小缝隙，采用空气喷涂机械，更换喷枪的喷头和口径，深入缝隙内部喷涂。

③ 对于铆钉群板部位，使用无气喷涂机械喷涂。

3.7.2　油漆附着力测试

（1）划线法测试附着力。

第一步，选定并清洁基材，去除浮尘。

第二步，用小刀片在涂层上划不同宽度和深度的交叉线条。其中，薄涂层每

图 3-35　划线法测试附着力

条线间隔 0～60 mm,深 0.1 mm;中厚涂层每条线间隔 60～120 mm,深 0.2 mm;厚涂层每条线间隔 120 mm,深 0.3 mm。如图 3-35 所示。

第三步,用纸胶带或封口胶带牢固贴于其上,快速撕去纸胶带,观察小块脱落的数量,并按表 3-6 判定油漆附着力等级。

表 3-6　油漆附着力测试表

试 验 状 况	级　别
线条光滑,无小块脱落	0 级
5％的小块脱落	1 级
5％～15％的小块脱落	2 级
15％～35％的小块脱落	3 级
35％～65％的小块脱落	4 级
其 他	5 级

实验选取若干种底漆进行检验,基材处理均为 St2 级,图 3-36 所示为油漆附着力的对比效果。

图 3-36　附着力为 0 级及 2 级

(2) 选择附着力为 0 级的底漆进行涂装,待底漆干燥后,用凿铲机进行破坏漆膜试验,结果显示漆膜很难清除,漆膜与基材黏结牢固,证明底漆附着力理想,能够达到防锈要求,如图 3-37 所示。

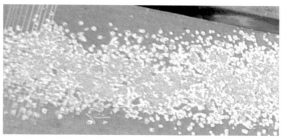

图 3‑37　漆膜破坏性试验结果

针对解放桥结构特点,采用无气喷涂、有气喷涂、刷涂、蘸涂相结合的方法,涂料选用对基材处理要求较低的底漆,使其能够快速直接地用于经过处理的基材表面。漆膜的破坏性试验表明,黏结效果良好。

3.7.3　涂装验收方法

(1)漆膜均匀度和厚度测量。

① 均匀度:先采用目测的方法,目视漆面是否平整、光滑。再使用 20 光泽计,测得面漆光泽度为 70 即证明漆膜表面平整。

② 漆膜厚度:先测湿膜厚度,再测干膜厚度。涂刷过程中,随时使用湿膜厚度测量仪,每 10 m 在线定点检测。采用电子干膜厚度测量仪测量干膜厚度,在 10 m 内选 10 个点,平均值比预计的干膜厚度相差不到 10 μm 即为合格。

板与板的缝隙处等特殊部位,无法使用工具检测漆膜厚度,可采用公式计算的方法:首先测量待涂刷部位的面积,根据涂膜厚度算出涂料理论用量,考虑涂料 25%～40% 的损耗,通过控制施工工艺达到均匀的漆膜厚度控制要求。

(2)验收标准及方法。

① 目测评价:漆膜光滑、丰满、无污渍、无气泡、无橘皮、无裂纹。漆膜颜色与标准色卡所示颜色一致。

② 用电子漆膜测定仪测量干膜厚度。

③ 附着力试验:采用划线法测试。

3.8　开启跨桥面铺装

国内外开启桥的铺装大多采用与该地区常用的桥面铺装相同的材料与结

构形式,而由于立转开启式桥梁的开启需要,应尽量采用轻质薄型铺装。

3.8.1 铺装方案分析

开启跨钢桥面铺装除了需要具有足够的强度与适当的刚度、与钢板良好的变形协调性、高温稳定性和低温抗裂性、良好的抗疲劳性能、良好的与钢板黏结性、良好抗剪性能、良好的防水性能以外,还需要满足在开启状态下的安全性及适用性,能满足每天一次的开启频率,并且桥面铺装尽量轻,以减小开启重量。

原解放桥在修建初期桥面为木板铺装,两侧人行道满足行人的通行需要,中间车行道是固定轨道的有轨电车,桥面铺装形式的选择,不受行车的影响,减轻了开启时开启跨的重量。国外几座同类型的桥梁,虽然仍通行机动车,但桥面都存在不同程度的破损或开启功能已经失效。考察我国近年来修建的钢结构桥梁所采用的桥面铺装情况,基本采用沥青混凝土铺装,具体分为环氧沥青铺装、浇注式沥青铺装、黏结式薄层沥青铺装等。

(1)环氧沥青铺装方案。固定跨钢桥面铺装采用双层环氧沥青混凝土铺装方案,而对于解放桥开启跨,经过力学分析,为减小铺装的滑动趋势,采用厚度仅为3 cm的单层环氧沥青混凝土铺装体系。此方案必须适应环氧沥青黏结强度增长缓慢的特点,要求不少于45 d的养护工期。此外,3 cm的铺装厚度不能适应既有的桥面高程,会使固定跨和开启跨之间产生永久的高差,对今后的运营造成极为不利的影响。同时,铺装厚度过薄难以保证长期车辆运营时的安全要求。

(2)浇注式沥青铺装方案。浇注式沥青厚度较大,难以满足解放桥减轻开启跨重量的需要。

(3)黏结式薄层沥青铺装方案。选用壳牌专用改性沥青进行系列试验,结果证明沥青的延性较适宜,其常温下的使用性能满足要求。但是,沥青在高温下的软化性能、沥青与桥面钢板的黏结力等诸多性能均较差。

改造后的解放桥将长期行驶机动车,不适宜采用木板铺装,而传统意义上的铺装很难适应解放桥的使用和安全保证要求,应按照上述原则重新设计铺装方案。

3.8.2 压花钢板铺装方案

针对解放桥特点,桥面铺装采用混合形式,即开启跨采用压花钢板铺装、固定跨采用双层环氧沥青混凝土铺装。为了最大限度维持原风貌,同时考虑减轻开启重量,两侧人行道采用木结构铺装。混合形式铺装满足了快速施工、安全可靠、抗磨耗及抗滑要求,同时也使得结构铺装表现出截然不同的风格。

压花钢板铺装方案是在开启跨钢桥面板上加铺一层压花钢板,提高其抗磨耗及抗滑作用,压花钢板与桥面钢板焊接保证连接可靠。为施工方便,将压花钢板进行合理分块,块间采用高性能黏结材料连接,使其既适应温度变形的需要,又充分填充板间缝隙,保证行车舒适。压花钢板连接时,需要测量高程定位,通过设置在压花钢板与桥面钢板之间的垫块调节高程,保证高程衔接平顺。压花钢板规格为长 2.0 m、宽 1.25 m、厚 7.5 mm。钢垫块规格为长 30 mm、宽 30 mm、厚 3~27 mm。压花钢板与桥面顶板间隙尺寸在 2 mm 以下不设垫块,桥面其他凹陷位置用垫块衬平且应牢固焊接在桥面板上。桥面顶板在铺设压花钢板前依次做喷砂除锈、电弧喷锌铝、喷环氧富锌底漆处理。压花钢板应热浸镀锌处理,上表面用黑色环氧面漆。压花钢板中间 15 mm 圆孔内塞焊,钢板四周围焊。通过有效控制焊接温度、焊接范围和合理选择焊点,使得压花钢板连接不影响既有的桥面结构。压花钢板桥面铺装设计图及施工现场如图 3-38、图 3-39 所示。

采用压花钢板直接焊接在开启跨的钢桥面板上,而不铺设沥青铺装,既避免了漫长的施工养护,又克服了开启时沥青与钢桥面板黏结不稳定的问题。

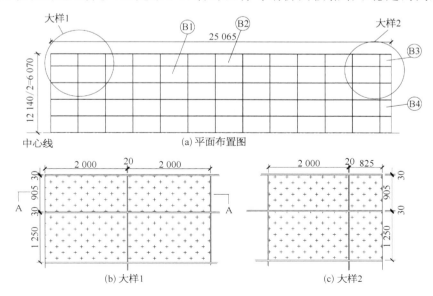

(a) 平面布置图

(b) 大样1

(c) 大样2

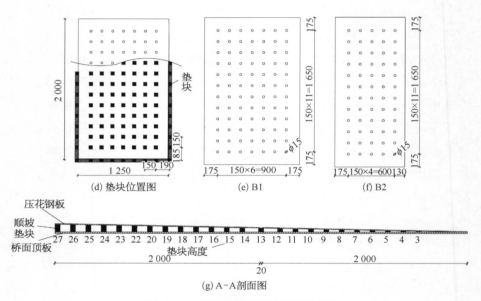

(d) 垫块位置图　　　(e) B1　　　(f) B2

(g) A–A剖面图

图 3–38　压花钢板桥面铺装设计图

图 3–39　压花钢板桥面铺装施工

该措施进一步减小了桥面系的总重以及所需的平衡重重量。改造后的运营情况表明,开启跨压花钢板铺装方案合理,可以保证运营及开启时的安全稳定。

3.9　关键部件复原及优化

解放桥开启跨桥面系、弧形梁及齿座梁等关键部位存在严重的设计缺陷,导致锈蚀严重,亟待优化及修复。平衡重混凝土白化脱落严重,且历经几次修复,开启重量早已改变,亟待进行重新配重设计。

3.9.1　开启跨桥面系优化

开启跨桥面系由于设计缺陷等原因导致钢结构锈蚀严重,基础沉降导致桥梁闭合状态下桥下通航净空不足。本次修复过程中,桥墩支座合计加高 20 cm,并对开启跨桥面系结构进行了优化,如图 3 - 40 所示。

(1)优化后的桥面系用 4 根 780 mm 高大纵梁取代 19 根小纵梁,具有总重小、承载能力大的优点。为提高钢桥面板抗疲劳性能,增加桥面顶板厚度至 14 mm。

(2)钢桥面系顶板和纵横梁腹板焊接连接,钢桥面顶板充当纵横梁的上翼缘,总梁高降低 0.4 m,满足了闭合时桥下通航净空的要求。

(3)U 肋连续通过横梁腹板,并通过板单元模型分析其受力性能,对横梁腹板的薄弱部位进行加强。

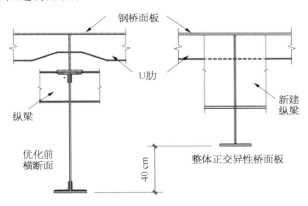

图 3 - 40　优化前后的开启跨钢桥面板

3.9.2　齿座梁及弧形梁制造

经检测评估,解放桥齿座梁、弧形梁锈蚀严重,且存在严重设计缺陷。解放桥原钢材磷、硫含量偏高,可焊性较低,采用外贴钢板或型钢补强的方式会造成不利影响。齿座梁、弧形梁为结构与机械的关键连接构件,其构造和受力极为复杂,要求很高的加工精度。因此,重新制造齿座梁、弧形梁,保持结构外形不变,对设计缺陷进行改进。新的齿座梁和弧形梁采用现代 Q345qD 钢材,内部焊接形成受力骨架,再在其上采用铆钉缀合加劲部件,满足强度要求,同时保留原有铆接外形。改进的齿座梁单个净重 16 t,具有良好的整体受力性能,为全封闭结构,大大增强了结构防腐蚀性能,工厂新制造的齿座梁如图3-41所示。

图3-41 工厂新制造的齿座梁

弧形梁为精密机械构件,采用工厂内制作。修复前后的弧形梁对比如图3-42所示,弧形梁关键构件复原过程中,维持构件外形不变,对关键受力点进行了补强,通过研究雨水汇流路线,采取焊接薄钢板封闭缺口或预留泻水口的办法,避免了原有结构产生的锈蚀环境。

图3-42 修复前后的弧形梁对比

3.9.3 平衡重制造

解放桥原平衡重存在混凝土白化剥落、劲性骨架锈蚀严重等病害,同时,桥面系及桥面铺装几经修复,打破了开启跨原有的重量平衡,使桥跨重心向上偏移,在原有平衡重的调节范围内无法实现理想的平衡状态。因此,在获得开启跨精确的开启重量及重心的基础上,重新设计建造平衡重,以满足开启跨的平衡要求,使开启结构(含开启跨及平衡重)的重心尽量靠近转动轴,减小开启电机的负载,减轻结构既有构件的受力。鉴于开启重量增加,为维持平衡重体积不变,新型平衡重采用铸铁块与混凝土的组合体,以得到更长的平衡力臂。

解放桥的平衡重配置工作十分繁琐,需经过多轮反复修改,具体流程如下:根据结构原始构造尺寸和本次维修的详细图纸,在有限元模型中,用质量单元较精确的模拟结构的质量分布,通过平衡重的参数调整分析,初步确定平衡重的构造,如平衡重尺寸、铸铁与混凝土的构成布置与比例。结构原始构件以及更换构件的加工详图确定后,计算开启跨各构件重量及其距离转动轴的水平竖直距离,进一步检查开启跨的结构重心,修改平衡重配置。浇筑平衡重前,实施开启跨的称重试验,根据试验计算开启结构(不含平衡重)的重心。最后,根据称重结论验证平衡重设置,并予以微调。

单个新型平衡重包括 57 t 铸铁和 220 t 混凝土,总重较之原始的平衡重 380 t 减小约 27%,外观尺寸更小,平衡力臂更长,新型组合平衡重位置如图 3-43 所示。

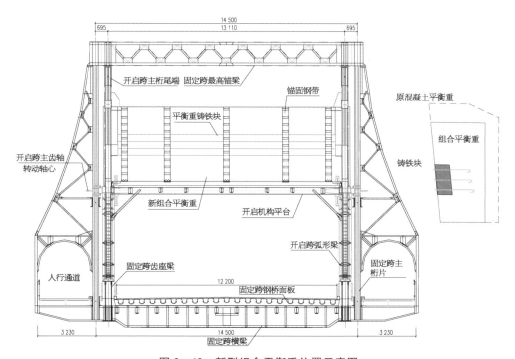

图 3-43　新型组合平衡重位置示意图

3.10 开启跨预拼预压及称重

由于解放桥修建年代久远,且历经多次加固修复,现已很难准确计算桥梁各部位的重量分布。且解放桥部分构件新制,为确定制造公差及施工变形,需要进行结构预拼装、预压。为恢复解放桥的开启功能,重新进行配重设计,有必要对桥梁进行称重并找到开启跨重心,以计算准确的解放桥开启配重。

3.10.1 预拼方案

鉴于解放桥开启跨尺寸不大,可以进行立体结构整体拼装,试拼装立体范围约为 35 m×20 m×14 m(长、宽、高)。拼装构件包括开启跨主桁片、纵横梁、人行托架、门架、上横联、风撑、平衡重骨架、传动机构托架、传动机构的齿轮及相关轴件。

拼装工序为先平面拼装主桁片,包括上下弦(含 L6 及 L6′节点处的插销构件)、腹杆、弧形梁(含齿条)与尾部平衡重拼板等构件,然后将主桁片立起,依次在主桁片基础上拼装纵横梁、下风撑、平衡重骨架、N1 及 N2 门架。接着拼装传动机构托架、上横联、上风撑、人行托架及人行纵梁,最后拼装传动机构齿轮及相关轴件,钢桥面板的 U 肋及顶板不进行预拼装,拼装原则如下:

(1)所有参与拼装的杆件均应经检验确认合格后方可试拼,试拼完成后应进行试拼检测,检查项目包括主桁中心距、主桁节间长度、试装全长、桁高、拱度等几何尺寸,以及试装件外观质量、板层缝隙、支撑节点磨光顶紧、栓孔通过率、孔径公差等。

(2)按照机械工程师的要求安装机械部分。

(3)纵梁与横梁采用铆接连接,铆钉数目约为 35×24 个。

(4)在工厂进行试拼及相应的试拼检测。

3.10.2 预压方案

解放桥开启跨整体预拼装合格后,应进行预压,以检验结构刚度及结构变形。首先将结构整体支撑于 L0 处,在 U0 处施加拉索,可采用钢锭压重方式或将拉索锚于地面桩基的方法固定拉索,然后将钢桥面板的 U 肋及顶板置于纵横梁上,临时点焊固定。最后,在钢桥面板和人行道托架及小纵梁上分别均布堆载,桥面系均布堆载范围如图 3 - 44 所示。钢桥面板上的堆载总重为沥青铺装(含路缘及主桁盖板)+1/2 汽车活载(城 B),单跨共计 89 t。在人行道托架及小纵梁上的堆载总重为木铺装(含栏杆、路缘角钢等)+1/2 人群荷载,单跨两侧人行道堆载共计 34 t。预压要求如下:

(1) 要求预压至少 3 d,并根据现场变形测试情况决定是否增加预压时间。

(2) 拉索合计承载 680 t。

(3) 预压前,应观测记录结构的位置和形状。预压过程中,密切观测记录结构的变形。预压结束去除堆载后,观测结构位置和形状,以便对比预压前后结构的变形状况,检验结构刚度及弹性工作性能。

(4) 预压结束后,根据所测结构变形量,通过调整 M6、M1 和 D3 主桁杆件的长度及钉孔布置矫正结构变形。

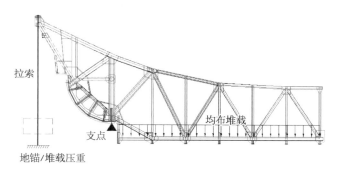

拉索

均布堆载

支点

地锚/堆载压重

图 3 - 44　预压方案

3.10.3　开启模拟方案

解放桥开启跨预拼预压完成后,应进行开启模拟,并模拟不同温度下的开启状态。开启跨由 0°转动到 13°时,L6 节点处的插销构件已经完全分离,因此,开启模拟应至少转动 13°。将齿座梁上的齿条支于弧形梁齿条下,并将其固定,通过收缩和放松拉索,实现开启跨的转动模拟,如图 3 - 45 所示。

拉索

卷扬机

齿座梁齿条锚固

L6(L6')

拉索

卷扬机

齿座梁齿条锚固

图 3 - 45　开启跨开启模拟布置

假定安装时的温度是 25℃，首先现场测量固定跨中墩支座的间距 S（理论距离为 23.47 m×2＝46.94 m，L6 与 L6′节点中心理论距离为 0.9 m），再测量 25℃时已预拼预压的开启跨 L0 距离 L6 的长度 S1（理论长度为 23.02 m）。天津最低温度为 −27℃，最高温度为 41℃。因此模拟最低温时，L6 与 L6′节点中心距离应调整为（S−2×S1＋0.028 7）m，在模拟最高温时，L6 与 L6′节点中心距离应调整为（S−2×S1−0.008 8）m。可通过移动一侧齿座梁齿条位置实现距离的调整。开启模拟时注意事项如下：

（1）钢桥面板的 U 肋及顶板应采取固定措施确保在开启 13°的情况下不会滑移。

（2）应在钢桥面板、人行托架及小纵梁上进行堆载，并采取固定措施保证开启模拟角度范围内堆载不会滑移，钢桥面板上的堆载总重为铺装重（含路缘及主桁盖板），单跨共计 25 t。在人行道托架及小纵梁上的堆载总重为木铺装重（含栏杆、路缘角钢等），单跨两侧人行道堆载共计 10 t。

（3）在一侧齿座梁齿条下铺设四氟板，通过千斤顶顶推调整两跨开启跨结构的间距。

（4）通过多次开启模拟，应密切注意 L6 与 L6′节点处插销机构的状态，研究开启过程中主桁变形对插销机构的影响。

3.10.4　称重技术工艺原理

解放桥建成的近百年间，经历灾害、损伤，几经加固，原有平衡重与现有开启跨失去平衡，动力传输机构无法驱动开启体系，需进行结构称重，找出重心，重新进行配重设计，达到新的平衡，恢复开启功能。解放桥称重技术具有以下特点：

（1）利用维修加固主桁架搭设的支撑平台做支点基础，并做必要的加固。

（2）利用原桥下节点处铆钉孔加装铰接支座，用螺栓紧固，称重完成后拆除，不影响原桥结构。

（3）采用液压缸推举开启跨桥体安全可靠，省时省力。开启跨从 0°开始被推举力旋转至 α 角和 β 角，与用电机通过上桥传动机构驱动开启跨旋转时的运动轨迹一致。

（4）称重施工技术含量较高，技术人员应制定详细施工步骤指导施工，跟踪整个施工过程，与测量人员共同采集和分析数据，根据所得数据计算结构总重和开启跨重心位置。

称重技术工艺流程如图 3-46 所示。

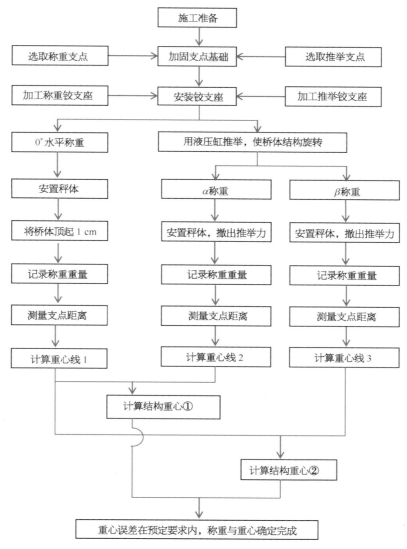

图 3-46　解放桥称重技术工艺流程图

　　首先称出开启跨结构处于水平状态(0°)时的质量,计算出重心线 1,旋转开启跨结构至 α 角、β 角分别称重,计算出重心线 2,重心线 3。将重心线 1 和重心线 2 相交,其交点即结构重心。再用重心线 1 与重心线 3 相交,以验证结构重心,具体如下:

(1) 在 4 个支点(L0、L0′、L6、L6′)处放置 4 台秤体,托起桥体(图 3-47),通过称重得到反力 $P1$、$P2$,测量得到支点间距离 $b1$。通过计算得到开启跨结构总重 $G1$ 和距离 $X1$、$X2$,如下:

$$\begin{cases} P1 + P2 = G1 \\ P1 \cdot X1 = P2 \cdot X2 \\ X1 + X2 = b1 \end{cases}$$

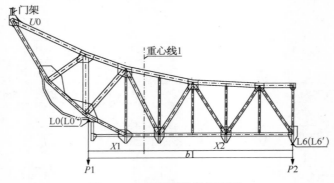

图 3-47 解放桥称重示意图 1

(2) 将开启跨旋转到角度 α(图 3-48),通过称重获得反力 $P3$、$P4$,通过测量获得支点间距离 $b2$。通过计算得到开启跨总重 $G2$ 和距离 $X3$、$X4$,如下:

$$\begin{cases} P3 + P4 = G2 \\ P3 \cdot X3 = P4 \cdot X4 \\ X3 + X4 = b2 \end{cases}$$

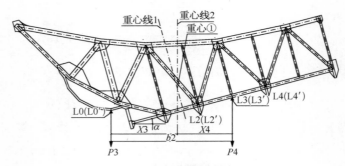

图 3-48 解放桥称重示意图 2

（3）计算两条重心线的交点坐标，即结构的重心①。

（4）继续旋转开启跨至角度 β（图 3 - 49），重复上述步骤（2）与步骤（3），计算出重心②，验证重心①。

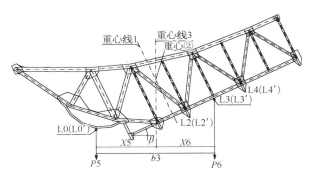

图 3 - 49　解放桥称重示意图 3

3.10.5　称重设备安装及称重

开启跨预拼预压完成，调整好结构变形后，即可进行结构整体称重。称重时，开启跨整体应包括除平衡重铸铁块及混凝土块以外的所有永久构件，包括主桁的所有弦杆、腹杆、新老节点、弧形梁（齿条已安装）、平衡重拼板、纵横梁、平衡重框架、N1 及 N2 门架、传动机构托架、传动机构（含小齿轮部件、过渡轮部件、长轴部件、手动传动部件、电机及电机传动部件、集中供油润滑系统六部分）、钢桥面板及 U 肋、上下风撑、人行托架。具体程序为：

① 在预拼前，对单个构件逐一称重并记录。

② 开启跨整体按照不同开启角度称重三次，记录支点或拉索吊点位置坐标及反力大小。

③ 计算开启跨的总重量和重心坐标。

称重方案注意事项：

① 钢桥面板的 U 肋及顶板应采取固定措施确保在旋转 31.8° 的情况下不会滑移。

② 两次称量角度之差越接近 90°，开启跨重心确定越精确。为了较精确的确定开启跨重心，合理配置混凝土平衡重的尺寸及挖空布置，又不增加较大的操作难度，第二次称重位置要求开启 31.8°。另外，开启跨旋转 31.8° 后，结构整体支撑在弧形梁的第二加劲处，此时静止称重，结构较为安全。

③ 在保证两次称重误差在设计要求范围内的前提下，计算两条重心线的交点坐标，即结构的重心。比较两次获得的重心坐标，如误差在设计要求范围内，则称重与重心确定完成。如不能满足要求，则需要改进称重及测量精度，并增大结构旋转角度。重复上述步骤直到完成相应的精度要求。

称重前加固支撑点、称重点基座，以确保称重试验安全。安装称重铰支座及支撑铰支座。其中，上支座用螺栓连接在桥体上，下支座焊接在支撑基座上。

(1) 第一次称重（水平称重）。

在现场原桥位或模拟平台上，将开启跨所有构件按闭合状态安装完毕后整体称重，即为活动跨水平称重。将秤体放在称重基座上，在秤体上放置液压千斤顶。用液压顶使开启跨整体均匀上升 1 cm 左右。调整各液压千斤顶的压力，使压力均匀分配。每只秤体的显示仪表都集中在控制台上，在读取称重数据时必须保证桥梁各部位都与支撑平台彻底分离。

测量称重点间距离 $b1$，将各点重量、距离填入称重记录表。通过计算获得 $G1$、$X1$、$X2$、重心线 1。

(2) 第二次称重（α 角度称重）。

分别在 L2、L4 节点的上下铰支座间安装液压缸，交替推举，使开启跨旋转 α 角，以 La(La′) 为固定支点，将秤体放在 L3(L3′) 称重支点下的基座上。在秤体上放置液压千斤顶，调整两侧液压千斤顶的压力，使压力均匀分配，每只秤体的显示仪表都集中在控制台上。在读取称重数据时必须检查 L2(L2′)、L4(L4′) 支撑点的支撑力是否撤除。

测量固定支点 $P3$ 与称重点 $P4$ 的距离 $b2$。将各点重量、距离填入称重记录表。通过计算获得 $X3$、$X4$、$G2$、重心线 2。

(3) 第三次称重（β 角度称重）。

分别加高 L2(L2′)、L4(L4′) 处支撑基座，在基座侧面加装保护斜撑，确定支护牢固可靠，满足受力要求。在上、下铰支座间安装液压缸，交替推举，使开启跨旋转 β 角。以 Lb(Lb′) 为固定支点，将秤体放在 L3(L3′) 称重支点下的基座上。在秤体上放置液压千斤顶，调整两侧液压千斤顶的压力，使压力均匀分配，每只秤体的显示仪表都集中在控制台上。在读取称重数据时必须检查 L2(L2′)、L4(L4′) 支撑点的支撑力是否撤除。

测量固定支点 $P5$ 与称重点 $P6$ 的距离 $b3$。将各点重量、距离填入称重记录表。通过计算获得：$X5$、$X6$、$G3$、重心线 3。

现场称重施工如图 3-50 所示。

图 3-50　解放桥称重现场

（4）桥体复位。

在 L2(L2′)、L4(L4′)处上下铰支座间安装好液压缸,取出称重器与千斤顶,撤除称重基座。使用液压缸交替拉动使开启跨向下旋转直至水平位(0°),撤除液压缸,称重工作结束。

（5）质量控制要点。

① 水平称重前,应在开启跨 Ua 节点与固定跨门架预留不小于 5 cm 的空隙,确保称重过程中顶起的开启跨不与门架相碰。

② 利用液压缸旋转开启跨时,上铰支座与桥体应栓接牢固可靠,下铰支座与支撑平台应焊接牢固可靠。

③ 铰接轴与轴孔应转动灵活,并涂以少量润滑油。

④ 使用前应检查旋转桥梁用液压设备。

⑤ 两侧液压缸应动作一致,保证顶起高度、旋转高度过程误差在 10 mm 范围内,称重高度误差应在 5 mm 范围内。

⑥ 所选秤体的最大称重量应是桥体的 1.3～1.6 倍,精度 0.1%。

⑦ 称重前应将不属于桥体结构的物体撤至桥体以外。

⑧ 称重时用液压缸顶起开启跨,为掌握顶升时桥体的受力状态,确保开启跨称重安全,应进行应力监测。

3.11　开启系统修复

解放桥开启系统由上桥传动机构、下桥传动机构、插销机构及电气传动和控制系统四大部分组成,如图 3 - 51 所示。

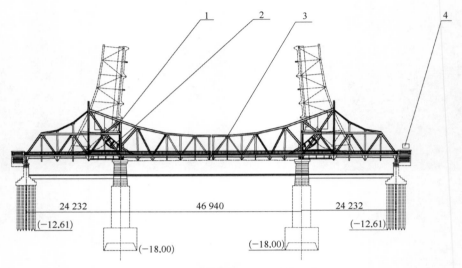

图 3 - 51　解放桥开启系统的组成
1—上桥传动机构;2—下桥传动机构;3—插销机构;4—电气传动和控制系统

3.11.1　开启系统修复原则

解放桥建桥时的开启机构为车轮式启闭机构,形式新颖、独特。但解放桥历经沧桑,经多次修复,原参数变化很大,原电气传动和控制系统均已无法使用,给开启系统修复带来很大困难。传动机构中齿轮和轴损坏,齿座梁和弧形梁部分损坏。解放桥开启系统中的所有传动零部件都是英制设计,尤其所有的传动齿轮也是英制的。英制的传动齿轮是周节制,且一半是标准齿轮,一半是变位齿轮,给修复过程带来极大困难。

解放桥开启系统的修复原则如下:

(1)遵循"修旧如旧"的原则,严格按原设计思想恢复解放桥开启系统中的传动系统。

(2)恢复电动和手动两套开启系统。

(3)对于开启系统中的传动零件逐一进行勘查、无损伤检测、理论计算,在综合分析的基础上提出保留、修复、更换及重新设计等建议。

(4)采用先进的自动集中润滑方式对主要支承等关键部位实施润滑,改善润滑状态。

（5）由于年代已久，原电气传动和控制系统已无修复价值，本次电气传动和控制系统全部重新设计。

（6）在电动和手动开启系统中均增设制动器。

（7）在电气控制系统中设置立即停止两活动跨转动的双制动器保护措施，以应对开启过程的突发问题。

（8）鉴于原传动系统采用英制齿轮，且直齿轮、周节大（即大模数），若改为公制齿轮，给加工制造带来便利，但会影响两轮的中心距变化。因此，修复过程中保持英制设计。

3.11.2　上桥传动机构

上桥传动机构由齿条部件、小齿轮传动部件、过渡轮传动部件、长轴部件、电动机传动部件、手动传动部件及自动集中润滑系统等七大部件组成，如图 3-52 所示。

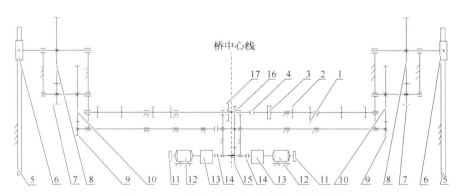

图 3-52　上桥电动与手动传动机构示意图

1—铁链；2—手动葫芦；3—手动系统制动器；4—联轴器；5—上桥齿条；6—驱动齿轮 A；7—齿轮 C；8—齿轮 B；9—齿轮 E；10—齿轮 D；11—电动系统制动器；12—电动机（$P=11$ kW）；13—减速器（$i=9.29$）；14—联轴器与制动器；15—齿轮 G；16—齿轮 F；17—齿轮 I

根据人工检查、超声波及磁粉探测结果，齿轮轮齿表面无损伤，超声波及磁粉探测得到的等级在正常范围内，则保留原齿轮，但要对其进行修复、保养；齿轮轮齿表面无损伤，但超声波及磁粉探测得到的等级超出正常范围，则原齿轮判废，不能使用，重新制造加工齿轮。上桥传动机构加工要求如表 3-7 所示，其他零部件的修复、加工、外购及制造等情况略。

表 3-7　上桥传动机构加工要求

序　号	部 件 名 称	加 工 要 求	
		保留修复	制造、外购
1	齿条部件	√	/
2	小齿轮传动部件	/	√
3	过渡轮传动部件	/	√
4	长轴部件	/	√
5	电动机传动部件	/	√
6	手动传动部件	/	√
7	自动集中润滑系统	/	√

3.11.3　下桥传动机构

　　下桥传动机构由固定齿条部件及扇形齿部件组成,如图 3-53 所示。

　　下桥传动零部件全部重新加工制造,各部件及零件图的技术要求略。扇形齿部件和固定齿条部件均为大型零部件、铸钢件,铸造表面加工要求高,采用外购加工。下桥传动零部件是整个活动跨的主要承载部件,因此,加工精度要求高、与之配合的零部件加工要求高、装配精度要求高,在此前提下才能保证活动跨准确实现启、闭功能。因

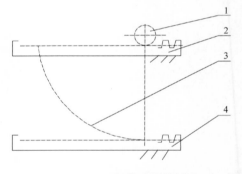

图 3-53　下桥传动机构组成
1—驱动齿轮 A;2—上桥齿条;
3—大扇形齿;4—下桥齿条

此,对固定梁及弧形梁表面要求机加工,同时对其形位公差提出要求,施工单位在加工、制造、调试及安装中严格控制与执行。

　　由于解放桥的传动系统中存在旧-旧零件相配合,也有旧-新零件相配合,还有新-新零件相配合,新旧零件交替在一起。旧-旧零件相配合时,基本上不需要加工,只要去除影响装配的毛刺、油污即可。旧-新的零件相配合时,尽量按旧的配,如旧的形状和表面粗糙度比较差,则按图进行修正,新的零件按修

正后的旧零件相配。新 - 新的零件相配合时,完全按照图纸要求进行加工配合。

3.11.4　开启系统电气传动与控制方案

开启电气系统总体采用变频电机用变频器控制方案,具有调速性能好、调速范围广且平滑、效率高等优点。

(1) 两活动半桥闭合后的限位方式。

两活动半桥闭合采用开口限位与插销限位两种限位方式,并分别配套设计两种电气控制方案。

(2) 开口限位方案的电气传动。

开口限位方案机械上要求两活动半桥闭合过程中在某个位置"开口"对准后同速运行,在某个位置之前每半桥可同时运行,也可单独运行。为此,在电气设计上也分两步,在某个位置之前两个活动半桥由各自的主令控制器控制,到达某个位置后均停止,此时,两个主令控制器回到"零位",踏住脚踏开关,接通相关电路,由一个主令控制器控制两半桥同速运行,另一半桥的主令控制器始终放在零位,直到完全闭合。

(3) 插销限位方案的电气传动。

插销限位方案机械上对两活动半桥的闭合过程没有特殊要求,既可同时闭合,也可分别闭合,在电气控制上没有特殊要求,控制线路简单,但要求在闭合后由电气带动插销机构自动将插销插上,或在开桥之前自动将插销退出后开启两活动半桥。

(4) 限位保护。

两活动半桥在开闭过程中需要自动完成部分工作,因此,电气线路中设有多个行程开关提供保护,同时,必须安装终端行程开关。

(5) 主要参数及功能。

本次设计采用变频电动机、制动器及减速器为一体的 SEW 产品,增强产品的安全性与可靠性。

① 电动机、制动器减速器型号:R97DV160M4 - BM/HF/TH。

② 主要参数:电动机功率 11 kW;电动机转速 1 440 r/min;减速器速比9.29;减速器输出转矩 675 N · m;减速器输出转速 155 r/min;制动力矩150 N · m;频率 50 Hz。

③ 变频器型号：MC07A300 - 503 - 4 - 00。

④ 两套制动器：除电动机制动器外，本次设计在减速器输出的联轴器处再设置一个盘式制动器，型号为 USB3 - 1 - BD50/60 - 400 - 30，具有双重制动功能。

⑤ 角度检测器：由角位移传感器和摆锤组成，安装在桥梁上，可通过重锤带动角位移传感器旋转来测定吊杆对地的角度，从而得知活动跨的旋转角度。

⑥ 总动力：60 kW。

⑦ 河底钢管：电气控制线通过河底排布，开启及照明部分共需布置两根直径为 200 mm 的线管。

⑧ 控制室面积：电气传动与控制系统用房 35 m²。

⑨ 传动部件初安装并调整好齿轮、支承件的位置与间隙后，在车间及桥上分别进行安装调试。

3.11.5 开启功能调试

解放桥中跨为开启跨，开启系统为施尔泽尔（Scherzer）式。这一系统通过电动机的动力输送，由齿轮组、动轮、齿条、弧形梁及平衡重密切配合运动，使得末端齿轮轴的水平移动转化成扇形齿在固定齿梁上的滚动，这一随着开启角度而变化的转动轴，使桥梁在开启过程中整个开启跨围绕转动轴处于受力平衡状态，使桥梁有控制地徐徐向后仰起完成开启动作。桥梁开启后，两墩之间有 42.7 m 的自由航道。解放桥开启系统严格按照原开启方式恢复，主要通过三步工作来实现。

1）车间内初安装调试

在车间内首先对每个传动部件进行初安装，调整好齿轮、支承件的位置与间隙，并在各个支承部件处加润滑脂，保证部件转动灵活；在车间内搭设辅助初调试平台，将所有上桥传动部件放在车间内的辅助初调试平台上，单侧活动跨的整体传动系统连接安装初调试，调整好各对齿轮间的位置与间隙，并在各个支承部件处加润滑脂，使得系统转动灵活，检查全部零部件并确认无遗漏情况。

2）桥上初安装调试

将每个传动部件在桥上初安装，重新调整好齿轮、支承件的位置与间隙，并在各个支承部件处加润滑脂，确保部件转动灵活。将所有上桥传动部件放在桥上，两侧活动跨分别进行整体传动系统连接安装初调试，调整好各对齿轮间的位置与间隙、各支承件的位置与间隙,并在各个支承部件处加润滑脂,使系统转动灵活。

3）整桥调试（采用液压调试方案）

解放桥开启过程中,转动跨重数百吨,高悬在空中 20 余米。若不经过整桥调试而直接进行开启,则一旦出现问题,后果将不堪设想。因此,必须进行整桥开启调试,即在极低开启时间情况下,以液压调试方式并通过开启试验来研究开启性能及确定开启时的相关参数。

（1）开启系统初调试研究。

① 在低速小转角时,观察测试开启机构（包括零部件）及桥梁动作时的受力状况。

② 在低速小转角时,空载观察两侧支承及传动状况。若发现存在不同步及卡扭现象,立即复位检查。同时亦可发现装配中的一些问题,如两齿条安装位置及高度等。

③ 在低速小位移的情况下,首先进行空载试验,然后再进行加载试验。

④ 进一步确定合理配重质量值及重心位置,此关系到解放桥开启受力及控制系统的调节及功率等。

⑤ 确定合理的桥梁启闭时间（即转动速度）。

⑥ 确定限位开关及同步开关的正确位置、机械限位的布局,若有必要进行调整。

⑦ 确定适合的电机功率及转速。

⑧ 整桥跑合试验：以从低速到较高速的方式反复跑合试转,为电机驱动做前期准备。

（2）初调试方案选型及计算。

经过设计的反复研究与论证,认为采用液压传动形式进行调试研究是理想和可行的,具有如下特点：

① 液压传动可方便进行调速,可使桥梁启闭从较慢速度到较高速度运行,有利于初调试研究、发现问题并及时修正。

② 液压马达制动方便,选型马达具有制动器,可以保证试验时的安全。

③ 输出扭矩调节方便,测量也比较方便,通过试验在一定程度上可方便调节平衡重质量和重心位置。

④ 参数测试方便,可实现实时检测。

修复后解放桥开启系统如图 3-54 所示。

图 3-54　解放桥修复后开启系统

3.12　结构修复受力分析

解放桥是远比常规固定桥梁更复杂的结构,解放桥构件组成繁多,除主梁等主要承重构件外,还包括平衡重、开启机械、扣锁装置以及电气设备等。

解放桥在闭合和完全开启状态下的受力形式不同,开启过程涉及运动学。运动中的开启跨仅受齿座梁支撑,处于转动和平动的复合运动状态。开启跨的重心随着转轴在齿座梁上移动,开启角度越大,距离固定跨跨中越近,固定跨跨中弯矩也越大,而开启跨本身分布的质量对转轴产生的力矩也发生变化,使得开启跨构件的内力不断改变。

解放桥开启过程中,机械系统需克服以下阻力:惯性力、风力、结构未平衡部分和弧形梁的滚动摩擦力,根据阻力大小确定机械部分的电动机功率。同时,当结构加速启动或减速制动时,角加速度的存在使得开启跨承受较大的惯性荷载,需详细分析各种开启极限状态的受力性能。

鉴于我国没有专门适用于开启桥的规范条款,修复分析中参考美国公路桥梁设计规范(AASHTO LRFD Bridge Design Specifications)的相关规定,并借助有限元分析工具分析结构在闭合、完全开启和介于两者之间的多种工作状态下的结构受力性能。需考虑的作用主要包括：车辆荷载、开启过程的惯性荷载、极限开启下的初始扭矩及制动力荷载、风荷载以及施工临时荷载等，分析主要内容如下。

　　(1) 桥梁开启过程模拟分析。

　　(2) 桥梁开启极限状态模拟分析。

　　(3) 风荷载组合下的开启极限状况分析。

　　针对解放桥的受力及构造特点，采用大型通用结构分析软件分别建立固定跨和转动跨的三维有限元分析模型。其中，杆件采用空间梁单元模拟，各杆件间假定为刚性连接，弧形梁、齿座梁及平衡重整体拼板采用板单元模拟。为精确模拟开启跨结构的质量分布，以指导平衡重配置，节点板、板件加劲、桥面板以及其他附属构件均采用质量单元模拟，平衡重采用块单元模拟。边跨对开启跨的支撑限位采用节点耦合方式模拟，解放桥三维有限元模型如图 3 - 55 所示。

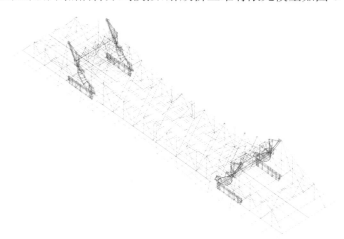

图 3 - 55　解放桥三维有限元模型

3.12.1　正常开启仿真分析

1) 正常开启过程划分

解放桥正常开启过程中，首先解除开启跨跨中连接约束，然后转动机械开始施加扭矩，开启跨由静止先加速到角速度 ω，Ua 节点脱离固定跨顶横梁，开启跨以角速度 ω 匀速开启，桥面翘起，最终平衡重平置于固定跨桥面上方，开启跨减速到 0，马蹄放置到固定跨小纵梁支撑处。角速度取 $\omega = 0.00\,416\;\mathrm{rad/s}$，

角加速度取 $\Omega = 0.000\,274\ \mathrm{rad/s^2}$，以正向开启为正（即转角增大，桥面抬起），角速度与角加速度的转轴为 M0 - M0′。

正常开启过程的模拟计算共取 8 个工况，如图 3 - 56 所示。

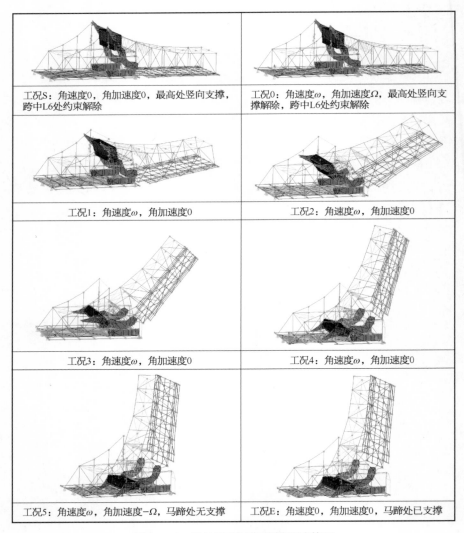

工况S：角速度0，角加速度0，最高处竖向支撑，跨中L6处约束解除	工况0：角速度ω，角加速度Ω，最高处竖向支撑解除，跨中L6处约束解除
工况1：角速度ω，角加速度0	工况2：角速度ω，角加速度0
工况3：角速度ω，角加速度0	工况4：角速度ω，角加速度0
工况5：角速度ω，角加速度-Ω，马蹄处无支撑	工况E：角速度0，角加速度0，马蹄处已支撑

图 3 - 56　正常开启过程的模拟计算图

2）正常开启分析结果

（1）开启过程中，固定跨和开启跨弦杆及腹杆轴向应力变化较大，但均小于 100 MPa，轴向应力变化趋势如图 3 - 57、图 3 - 58 所示。

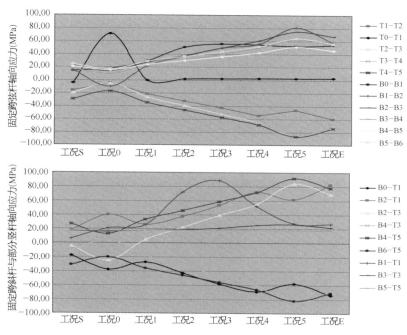

图 3‑57 固定跨弦杆及腹杆轴向应力变化趋势

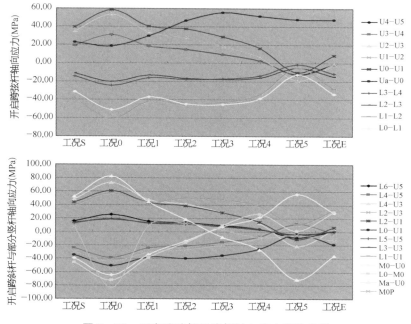

图 3‑58 开启跨弦杆及腹杆轴向应力变化趋势

（2）开启过程中，结构最大变位发生在工况 0 时的开启跨跨中，为 65.4 mm，正常开启模拟各工况的结构变形如图 3-59 所示。

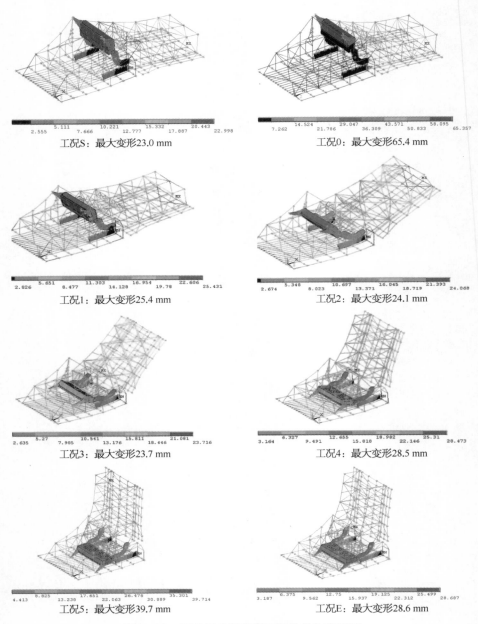

图 3-59　正常开启模拟各工况的结构变形图

（3）开启过程中，随着开启角度的增大，固定跨杆件应力基本是增大趋势，开启跨杆件应力基本是减小趋势，但在工况 0 和工况 5 时，即加速减速阶段，杆件应力出现较大波动，杆件应力达到峰值，开启跨杆件波动程度普遍较固定跨杆件大。开启过程主要板件的应力均处于安全范围。

3.12.2 开启过程突发极限状态分析

极限开启状态是指正常开启过程中，开启跨结构已经具备角速度 ω 时，由于发生紧急情况需要停机制动，结构角速度由 ω 逐渐降为 0，取制动时间为 15 s，即角加速度取 $\Omega = 0.000\ 274\ \mathrm{rad/s^2}$。或者制动后，结构需重新开机加速到角速度 ω，此时所施加的角加速度与制动时大小相同，方向不同。极限开启过程的模拟计算共取 12 个工况，如图 3-60 所示。

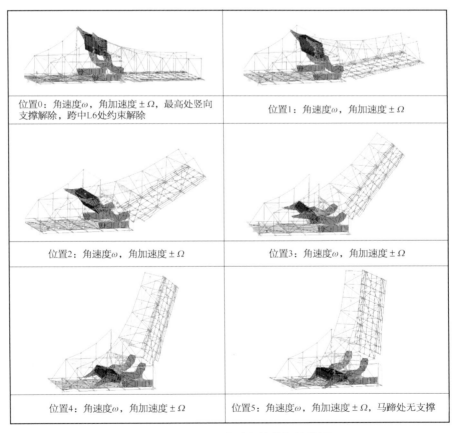

位置0：角速度ω，角加速度$\pm\Omega$，最高处竖向支撑解除，跨中L6处约束解除

位置1：角速度ω，角加速度$\pm\Omega$

位置2：角速度ω，角加速度$\pm\Omega$

位置3：角速度ω，角加速度$\pm\Omega$

位置4：角速度ω，角加速度$\pm\Omega$

位置5：角速度ω，角加速度$\pm\Omega$，马蹄处无支撑

图 3-60 极限开启过程的模拟计算图

由开启跨不同角加速度作用下主要杆件的轴向应力对比可知：

（1）由于角加速度的存在，杆件的应力较正常开启有改变，但改变的趋势没有规律。

（2）没有角加速度下的杆件应力是角加速度为正向 Ω 和负向 Ω 下杆件应力的算数平均值。

（3）开启位置 0 和位置 5 处，与正常开启时加速度相同，因此与部分极限工况重合。

（4）某些杆件对加速度很敏感，正负角加速度导致杆件应力变幅很大，如固定跨的 T1 - T2、B1 - B2、B2 - T3 和开启跨的 Ma - U0、M0 - P、M0 - U0 等。

（5）极限状态下，结构杆件的最大应力满足规范要求。

（6）同一开启位置，在正向 Ω 作用下，结构最大变形、板件结构最大主应力和最大等效应力均大于负向 Ω 作用。

（7）由于采取了杆件加固或更换的措施，使得应力较大的杆件能够满足使用要求。

3.12.3　风荷载作用下开启极限状态分析

在完全开启的情况下，顺桥向风荷载作用于开启跨的桥面和平衡重上，最大将产生 14 t 的静风压力，对结构造成不利影响。考虑五级风作用、开启跨结构角加速度产生的惯性荷载和结构恒载组合作用下的结构受力情况，根据风的作用方向、开启极限状态的角加速度方向，结构开启位置取正常开启工况位置 1～位置 E，共有 12 种组合（位置 E 无角加速度），如图 3 - 61 所示。根据《公路桥涵设计通用规范》（JTG D60—2004）相关规定计算得到每种位置的风荷载。

由风荷载组合作用下开启极限状态分析可知，五级风荷载作用下，正向风、逆向风与无风荷载作用下的应力改变幅度在 10 MPa 以内，风荷载引起的结构变形较小。考虑风荷载作用下，结构杆件的最大轴向应力为 101 MPa，最小应力为 -89 MPa。

有限元仿真分析较真实地反映了结构的受力状态。通过结构正常使用状态分析和开启模拟分析，得到了桥梁静止与运动过程中车辆荷载、风荷载以及运动惯性力等多种作用组合下的结构力学行为，为结构维修加固和开启运营

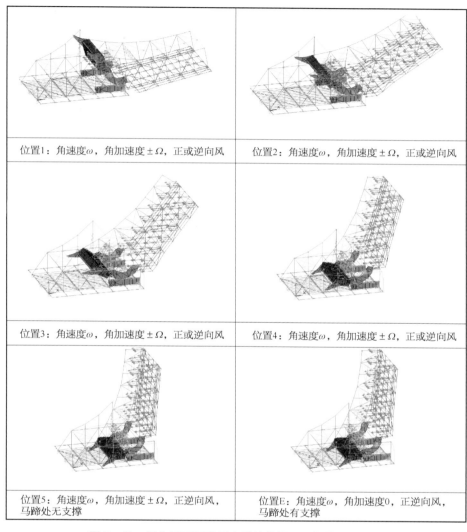

位置1：角速度ω，角加速度±Ω，正或逆向风　　位置2：角速度ω，角加速度±Ω，正或逆向风

位置3：角速度ω，角加速度±Ω，正或逆向风　　位置4：角速度ω，角加速度±Ω，正或逆向风

位置5：角速度ω，角加速度±Ω，正逆向风，马蹄处无支撑　　位置E：角速度ω，角加速度0，正逆向风，马蹄处有支撑

图 3‑61　风作用下正常开启结构位置 1～位置 E 工况图

提供了基础数据，仿真分析结论如下。

（1）桥梁闭合状态下，修复后的结构可承受城‑B 荷载作用。

（2）正常开启过程中，匀角速度运动阶段，转动角度越大，边跨杆件应力越大，而开启跨杆件应力逐渐减小。在加速减速阶段，杆件应力达到峰值点。开启跨杆件受转动角度 θ 的影响程度较边跨杆件大，靠近平衡重的开启跨杆件甚至出现拉压应力反向。

（3）开启极限状态下，所有构件额外承担由角加速度产生的惯性冲击，轴向应力有较大的变化。正向及负向角加速度 Ω 作用下，杆件的应力以正常开启下杆件应力为中间值而波动，且加速度越大，波动幅度越大。靠近平衡重的边跨与开启跨杆件受角加速度 Ω 的冲击作用明显。

（4）五级风荷载使得结构杆件应力有所改变，但幅度小于 10 MPa。所有风力最终均传递到机械传动轴上，由机械动力补偿承担。

（5）分析表明，结构受力对角加速度 Ω 比较敏感，而对角速度 ω 不敏感，最终的结构安全取决于角加速度 Ω。综合考虑老龄结构的现状、结构安全、电机系统工作能力和修复后开启频率等因素，通过仿真分析，确定单程开启时间控制在 6 min，加减速及制动时间控制在 15 s，匀速转动速度为 $\omega = 0.004\ 16$ rad/s，加速度为 $\Omega = 0.000\ 274$ rad/s^2。

3.13　修复后结构状态

解放桥修复工程于 2006 年全面实施，主体工程耗时 8 个月，于 2006 年底完成并重新开放。解放桥修复工程完成了多种严重病害的修复工作，对开启跨桥面系进行优化，使之承载能力更强、结构重量更轻、梁体高度更小，开启跨桥面铺装改为较轻的压花钢板，平衡重混凝土结构改为铸铁与混凝土组合结构，采用了自动集中润滑方式对关键部位实施润滑，并在电动和手动开启系统中均增加一套制动器，提高了安全性和可靠性，新的变频式电机使调试和控制更加容易，新更换的齿轮仍然采用英制，保证了开启系统的原汁原味，提高荷载等级至城-B 荷载，可通行游船，完成桥梁美化设计，成为天津市标志性建筑。恢复开启后的解放桥单程开启及单程闭合时间为 4～8 min，活动跨开启角度为 89°，满足每天开启一次的使用要求，传承了历史，为开启桥修复提供了借鉴。

解放桥一直以来是天津这座城市的象征，是我国现存唯一的一座双叶立转式开启桥。它的意义已经不仅仅局限于结构本身所代表的技术，更突出表现在它所独有的历史、文化和艺术价值。在本次解放桥的改造中，灯光美化纳入了设计内容，使得解放桥既传承了历史，又成为海河旅游景观的重要组成部分，具有城市道路、历史和景观三位一体的功能和重要地位。修复后的解放桥，如图 3-62 所示。"修旧如旧"，最大程度保存了它的历史风貌。

图 3 - 62　修复后的解放桥

第 **4** 章
▼
金汤桥改建工程

天津金汤桥(建于 1907 年)是中国第一座电力平转式开启铁桥,经历战争、洪水和强震,损毁及锈蚀严重。金汤桥同样见证了天津的历史,是天津市爱国主义教育基地,像一本厚重的大书,有着非比寻常的历史内涵与纪念意义。经合理评估、全面模拟分析,以历史传承性及科技创新性为宗旨,恢复并优化金汤桥平转式开启功能,并进行景观提升,使得百年老桥重获新生。

4.1　金汤桥历史背景

4.1.1　金汤桥修建背景

金汤桥原为"浮梁舟桥",是清雍正八年(1730 年)由青州运同孟周衍捐俸倡首,盐商出资建成,因地近盐关,故取名"盐关桥",该桥由 13 条木船连缀而成。从此,海河之上有了第一座浮桥,结束了乘船渡河的历史。当地百姓从此既得交通之便,又无不恻之忧,对孟公敬重不已,故又称此桥为"孟公桥"。因为在天津老城东门外,因此俗称"东浮桥"。

光绪三十二年(1906 年),入侵中国的西方列强为其统治与掠夺的需要,决定经东浮桥至老龙头火车站铺设一条有轨电车路,由天津海关道和奥、意租界领事署及电车公司合资进行改建,于是一座永久性钢梁铁桥取代了孟公桥,成为新式铁桥——金汤桥。

金汤桥之名是由当时的直隶总督袁世凯亲下批文决定的,出自成语"固若金汤"一词,取其坚固之意。金汤桥于 1907 年顺利竣工,该桥耗资 20 万两白银,是近代天津市建设较早的钢桥,为三跨平转式开启钢桥,上部结构采用下承式钢桁梁形式,上弦呈曲线外形,形式优美。海河西岸为固定跨简支梁,跨长 35.3 m,东岸为两跨平转式开启的连续梁结构,跨长 20.3 m、20.4 m。据有关文献记载,原金汤桥设计桥上通行电车。桥面为纵横梁木桥面板,下部结构为实体墩身,桥台外侧采用钢砖砌筑,内部浇注混凝土。

桥面总宽度为 10.5 m,车行道宽 6.8 m,其中,车行道下游侧铺设单轨电车道,行驶于北大关至老龙头车站的红牌有轨电车由此通过,两侧人行道则设置于桁外。金汤桥开启时,开启跨在中墩顶传动装置作用下绕中墩进行 90°水平旋转,至平行于河道方向,让出航道,成为双悬臂梁结构,船只可无障碍顺畅通过。金汤桥老照片如图4-1所示。

图 4-1　金汤桥老照片

解放战争时期,金汤桥则承载了最辉煌的一刻。1949年1月15日凌晨,平津战役中,中国人民解放军第四野战军经过激烈的战斗,最终在金汤桥上会师,取得了平津战役的重大胜利,桥上密集分布的弹坑记录了这一段历史,使金汤桥成为纪念平津战役的标志性建筑。作为解放天津会师纪念地,1984年5月13日,天津市在金汤桥畔建一座纪念碑,并被列为市级文物保护对象,1994年6月被列为"爱国主义教育基地"。

4.1.2　金汤桥维修加固历史

金汤桥在建成至今的百年历史中,至本次重建前,该桥曾进行过两次大修。

第一次约在1935年,因主桁架紧邻车道边缘部分长年积土,严重锈蚀,危及行车安全,由当时的天津市工务局约请桥梁工程师蔡君简专任该桥整修设计事宜,主要工程内容为采用电焊法增加强度,这在当时属先进工艺。经过化学分析,原桥钢材硫、磷含量均远高于标准,可焊性差,故在补强时一般采用铆焊结合的方法。此外,采用优质焊条进行焊接以保证质量。竣工后,经过十余年的实践考验,其性能尚属良好。

第二次在1970年,由天津市市政设计研究院总工程师于邦彦主持该桥的维修加固设计事宜。主要工作为对桥梁锈蚀严重的弦杆、腹杆、纵横梁均加固修补,并增设下平联及保持桁架稳定的加强钢板、门型框架等,顶升原桥抬高76 cm,将已废置的开启系统进行固定改装。经此次维修加固,金汤桥又安全运营了30余年。

2003年金汤桥已成为一座危桥。金汤桥改建工程于2003年底实施拆卸计划,对跨径进行部分调整以适应海河堤岸规划,对构件全面加固整修后再回原址落位。技术人员寻访发掘已经失传的铆接工艺,通过查找档案、现场测量、分析等手段恢复金汤桥设计图纸及开启原理,使得改建后的金汤桥恢复了开启功能,再现昔日风采。

4.2　金汤桥改建工程方案

金汤桥建成至今的百年间,经历了剧烈的社会动荡,原有设计资料与记录已不复存在,桥梁结构几经加固改造,使得该桥原貌有了较大变化,这些都给金汤桥重建与修复工作带来了极大困难。怎样通过实桥检查、量测与分析,恢复桥梁结构原始详图,以推荐较好的重建方案,是本章所要解决的主要问题。天津城建设计院联合同济大学,通过查阅档案资料、现场实地测量等手段,将原桥设计图纸重新进行了完整恢复,在此基础上开展金汤桥改建工程。

4.2.1　金汤桥改建的必要性

金汤桥建成初期,海河上的水陆交通并不繁忙,开启桥一开一合,水陆两便,解决了当时水陆交通运输间的矛盾,对当时津门的发展起到了推动作用。

随着现代交通工具的发展,金汤桥所担负的交通任务日益繁重,其间屡经改造,已不具有开启功能。桥梁病害严重,尤其是经历了 20 世纪 60 年代的特大洪水之后,钢结构已有很大程度的损坏和锈蚀。其他同期修建的桥梁大部分已停用,或被限载限流。1976 年唐山大地震使得金汤桥桥墩受损。至 2003 年金汤桥改建前,由于环境侵蚀、材料退化、交通量剧增等因素的影响,桥上经常十分拥堵,桥身已不堪重负,金汤桥已不能满足使用要求。根据对已实施的堤岸结构线现场实地测量数据,改建前的金汤桥河东侧压缩河道约 10 m,河西侧压缩河道约 2 m,桥跨布置已不满足规划要求。经过近百年运营,基础沉降严重,通航净空亦不满足规划Ⅵ级河道要求。因此,金汤桥改建工程具有很强的急迫性和必要性。适逢 2002 年 10 月,天津市委做出了"实施海河两岸综合开发建设,努力把海河建成独具特色、国际一流的服务型经济带、景观带和文化带,打造世界名河"的战略决策。金汤桥作为天津市宝贵的历史文化遗产,其复原与保护工作被提上议事日程。

4.2.2 原结构体系及开启系统

1）金汤桥结构体系分析

金汤桥全长 76.4 m，上部结构采用下承式全铆接钢桁梁，主桁下弦杆水平，上弦杆变高呈曲线形状，建筑型式优美，如图 4-2 所示。

图 4-2　金汤桥改建前全貌

金汤桥分为固定跨和转动跨两种桥跨。靠近西岸为一跨固定跨，跨长 35.3 m（净 32.8 m），为简支下承式钢桁架，桁架下设摇轴支座（图 4-3）。靠近东岸两跨为一联，为平转开启结构转动跨，跨长分别为 20.3 m、20.4 m（净跨都为 16.85 m），其中开启时为中支点双悬臂钢桁梁桥，仅承受恒载作用，闭合时为两跨一联的连续钢桁梁桥，承受恒载和人群荷载。原金汤桥采用重力式墩台，桥墩截面较大，便于安装中墩开启系统，墩台下设置木桩基础。

图 4-3　固定跨摇轴支座

2）金汤桥典型节点连接方式

金汤桥主桁弦杆、竖杆和部分固定跨斜杆为多根角钢加钢板用铆钉拼接而成。弦杆为 T 形，竖杆多为十字形，主桁斜杆为拼接工字钢或槽钢。上下弦杆典型结点构造如图 4-4～图 4-6 所示。

（1）上弦杆内侧典型节点。

图 4-4　上弦杆内侧典型节点

（2）上弦杆外侧典型节点。

图 4-5　上弦杆外侧典型节点

（3）下弦杆典型节点。

依下弦杆与斜杆的连接方式分为以下三种主要节点类型。

图 4-6　下弦杆典型节点

3）桥面系

桥面系为纵横梁体系，人行道采用三角托架上加设纵梁的形式，如图 4-7 所示。横梁均为角钢加钢板用铆钉拼接而成，中间横梁为工字形，固定跨和转动跨的端横梁为槽形。其中，转动跨端横梁为平面弧形，转动墩处横梁为立面弧形，以满足转动跨承重需求。中央非机动车道的纵梁均为工字钢，人行道纵梁为槽钢。

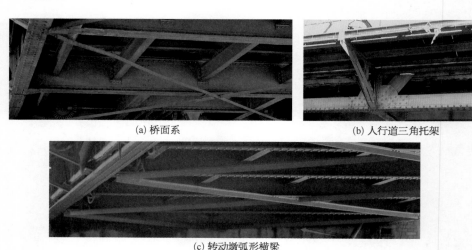

(a) 桥面系   (b) 人行道三角托架

(c) 转动墩弧形横梁

图 4-7　桥面系结构

4）金汤桥原开启系统

据有关文献记载，金汤桥原使用电力开启。关于这一点，可供查阅的资料极少，分析认为，原金汤桥修建伊始通行电车，桥上布置电缆，桥梁的开启便使用同一直流电操作。据查证，金汤桥在 20 世纪 30 年代便失去了开启功能。

金汤桥开启跨由两跨组成，开启时，两个开启跨绕中墩水平旋转 90°，受力状态呈双悬臂钢桁梁形式，开启后，通航净宽为 2 m×16.85 m。该桥的开启系统采用的是 100 年前的机械传动技术，限于当时机械制造与设计水平，传动系统较为复杂庞大，且原始资料匮乏，大多数实物丢失，给复原工作带来了相当大的困难。通过现场拍照调研，总结原金汤桥开启系统原理。开启系统由转动跨两端桥端分离机构、中心回转支承系统、大齿圈、机械传动系统、电气控制系统、过渡系统、电动集中供油系统、制动系统及限位开关等构成，如图 4-8 所示。

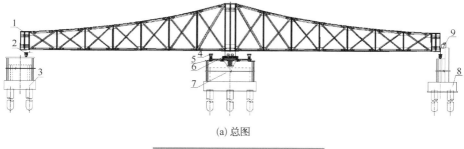

(a) 总图

(b) 中墩位置开启机构示意图

图 4-8　金汤桥开启跨及开启系统示意图

1—转动跨桥梁；2—桥端分离机构；3—固定跨桥墩；4—大齿圈；5—过渡系统；
6—中心回转支承系统；7—转动跨桥墩；8—东岸桥墩；9—控制系统

金汤桥转动跨为平转式开启,开启过程为:首先,行人与交通工具离开转动跨,启动电动集中供油系统对各个主要支承部位加润滑脂润滑。其次,转动跨两端的 4 个桥端分离机构向上移动,碰到限位开关停止移动。确认转动跨两端的 4 个桥端分离机构与桥墩分离后,启动电动机电源或转动手轮。转动跨则在中心回转支承系统支承下随之平转式旋转开启,单程开启 90°需约 10～12 min,电动机有五级控制。闭合过程与开启过程原理相同,各部位工作原理及存在问题分述如下。

（1）开启跨中墩支承及开启系统。

金汤桥原开启跨通过位于中墩的中轴定位,中轴上下分别连接钢主梁的弧形横梁及桥墩,中墩设置旋转支撑底座。开启时,齿轮驱动中墩旋转及支撑系统的转轮以中轴为中心,沿旋转支撑底座滑动,实现桥跨开启的同时满足转轮支撑的需要。然而,由于转轮滑动需克服较大摩擦力,对于电力供应、电机功率、转轮刚度及支撑底座的稳定等均带来不同程度的负面影响。同时,限于中轴尺寸,其刚度较小,不能保证桥梁经常性偏载时的稳定。齿轮组成采用传统方式,需克服较大摩擦力。现场未查到相应的供油润滑系统,因此,不能长期保证桥梁按照正常的频率开启。改建前的中墩旋转及支撑系统、中墩弧形横梁及滑动轮支撑、传动系统组成如图 4-9～图 4-11 所示。

图 4-9 改建前中墩旋转及支撑系统

图 4-10 改建前中墩弧形横梁及滑动轮支撑

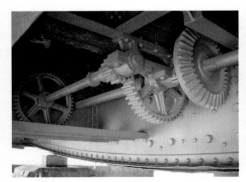

图 4-11 改建前传动系统组成

　　根据有关文献,1970 年第二次大修时,将原桥顶升抬高 76 cm,将已废置的开启系统进行固定改装。由于原桥被顶升抬高,滑动轮支撑已与旋转支撑底座脱开,上下游中墩位置配合桥梁顶升抬高重新施作支座,顶升加固后的支座由于受到较大荷载,已有明显变形,如图 4 - 12 所示。

图 4 - 12　改建前开启跨中墩上下游支座

　　对改建前金汤桥中墩开启系统调研可知,中墩旋转支撑系统不仅承受桥梁闭合时的所有荷载,还必须为桥梁正常转动的偏载以及可能的动力过载提供保证。

　　原金汤桥转动跨的中心支承采用心轴定位,如图 4 - 13 所示,中心回转轴承套两侧直接采用各 12 个 M30 螺栓与转动跨弧形梁连接。经过反复现场勘查以及理论分析,原设计存在如下问题:① 安装在桥墩上的心轴与中心轴承套接触位置的上下表面(图 4 - 13 中 A、B 部位)磨损严重,且存在咬死现象。② 中心回转轴承套与弧形梁之间的连接强度不足。

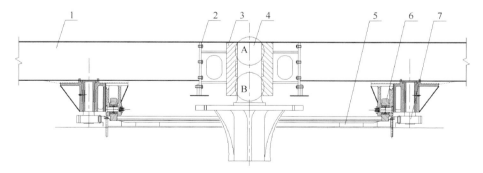

图 4 - 13　原金汤桥转动跨中心支承连接形式

1—转动跨;2—连接螺栓 2—12×M30;3—中心回转轴承套;
4—心轴;5—大齿圈;6—滚轮;7—驱动轮

问题①主要由于当时人们设计思想的局限性。由图4-13可知,心轴及大齿圈是固定在桥墩上的。其一,心轴的中心就是桥墩的中心;其二,转动跨的回转中心就是中心回转轴承套的中心,并由中心回转轴承套与心轴配合来保证两者一致性;其三,开启系统中的机械传动系统除大齿圈固定在桥墩上外,其余传动部分均在转动跨上,两驱动轮连接在转动跨上,机械传动系统的回转中心就是两驱动轮(转动跨上)与大齿圈(桥墩上)啮合回转中心,即大齿圈中心与两驱动轮回转中心应一致,否则就会造成两驱动轮与大齿圈的啮合顶隙、间隙不等现象。由于大齿圈与心轴之间无任何形式的连接,造成了大齿圈安装基准中心是虚拟的,无法定位,无法与设计基准一致,无法与心轴的中心即桥墩中心保持一致。由于受当时设计水平的限制,原转动跨中心支承结构无法实现机械传动系统的回转中心、转动跨的回转中心以及桥墩中心的三者设计基准与安装基准的一致性问题,这是原桥的一个致命弱点。转动跨的机械传动系统通过两驱动轮与大齿圈的啮合来驱动转动跨的旋转,则保证了机械传动系统的回转中心一致,但不能保证转动跨的回转中心与桥墩中心一致,造成了桥墩上的心轴与中心轴承套接触处表面磨损严重且存在咬死现象,以至于建成不久就不能开启。

问题②,中心回转轴承套与弧形梁之间的连接强度不足,对桥梁与转动跨旋转等构成安全隐患。螺栓连接受力分析图如图4-14所示。金汤桥转动跨开启状态为双悬臂梁,转动跨桥梁自重约200 t。螺栓组受到横向力F_Q和倾覆力矩M的联合作用。由螺栓组受力分析可知,原设计螺栓组的强度条件不满足要求。具体计算过程不再赘述。

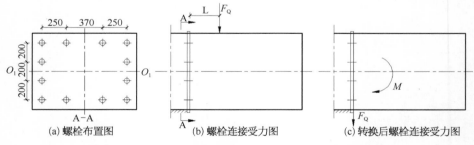

图4-14 原金汤桥转动跨中心支承螺栓连接形式(单位: mm)

本次金汤桥重建过程中,引进底座主支撑机构,将金汤桥中轴定位方式进行改进,使其同时满足强度和稳定要求,并能实现安装时的精确定位,设计并成功解决了这一平转式开启桥的难题。

（2）边墩支撑机构。

原转动跨边墩通过支撑轮对结构提供支撑。对既有资料分析可知,金汤桥原开启过程中,边墩转轮滚动使得桥体旋转,同时为桥体提供支撑。在金汤桥第二次维修加固时,将已废置的开启系统进行了固定改装,边墩的转轮被倒转了180°,如图4-15所示。

图 4-15　原转动跨端支撑轮

原金汤桥开启时,边墩转轮滚动使得转动跨端头存在滚动摩擦,对中墩转动中心轴产生巨大扭矩,造成动力系统设计繁复。在本次改建设计时,为消除这种摩擦的影响,拟采用桥端支撑分离机构。

4.2.3　桥梁现状调查与结构病害

2002年,天津市市政工程研究院对金汤桥现状及病害进行调查。根据档案资料调查,参考参与1970年修复工程的技术人员记述,在对桥梁现状进行详细调查的基础上,再对桥梁本身构造进行分析,确定金汤桥结构改动如下:

（1）固定跨跨中增加了门架。根据1970年修复工程情况,当通行汽车时,固定跨跨中上弦发生较大的横桥向位移,为克服结构横向稳定不足而采用了加固措施。

（2）改建前,金汤桥主桁之间为钢筋混凝土结构桥面铺装,两侧人行道为钢板铺设。根据档案调查,原桥面为美松材质的木质桥面,上行有轨电车,人行道为通透板条铺装。

（3）桥面与主桁交界部分锈蚀严重,在1970年的修复加固中,加焊型钢加固。主桁与横梁联系部位添加了钢板加固。

（4）下游桥面系边纵梁向桥外侧移 0.31 m。

（5）转动跨端部已封死，端部桥面系增焊剪刀撑加固，原有转轮方向调整 90°改为滑动支座，并采用钢箍加固桥墩。

（6）开启系统功能丧失，部分齿轮丢失，整桥于 1970 年向上抬升 76 cm。

（7）为了增添金汤桥夜间景色，在主桁上弦安放了彩灯。

金汤桥在 1970 年大修后，数度进行桥面翻修、全桥油饰等工作，对延长桥梁寿命起到了一定作用。由于近 20 年来城市建设速度加快，金汤桥交通量不断加大，使得该桥损坏程度日益严重。截至 2003 年改建前，除进行几次除锈油饰工作以外，没有对桥梁结构进行更大程度的维修养护工作，在风吹、日晒、雨淋等自然条件下，油漆已失效，全桥已到了养护维修周期。分别针对原桥上部结构、墩台及支座、开启系统等进行病害检查如下。

1）上部结构

原金汤桥上部结构存在油漆失效、结构锈蚀、连接失效、杆件永久变形、焊缝疲劳裂缝等病害。

（1）油漆失效。

因年久失修，油漆老化严重。全桥 35％油漆剥落，剥落处钢结构锈蚀。两侧栏杆油漆脱落，脱落面积达 50％以上。上弦杆及节点杆件油漆失效情况较轻微。下弦杆件及节点、下平联油漆老化范围较大，存在麻点、起皮、脱落等各种失效情况。

（2）锈蚀。

金汤桥跨越海河，油漆剥落后，钢结构常年处在比较湿润的环境下，加速了钢结构锈蚀。构件上堆积大量锈蚀产物，板间锈胀现象十分普遍，部分板件甚至锈穿。全桥 50％以上节点板锈蚀锈胀特别严重，钢梁与混凝土盖板相连接部位尤为明显，部分钢结构开焊。桥面未设防水层，雨水、化雪盐水下渗入桥面系以下的混凝土盖板处，造成混凝土盖板的碱蚀露筋以及部分钢梁的锈蚀。泄水孔漏水严重，已严重影响主梁，使混凝土盖板开裂，钢筋锈蚀。木结构桥面板老化现象非常严重，影响使用安全和美观，如图 4-16、图 4-17 所示。

（3）连接失效。

金汤桥原为铆钉连接钢结构桥梁，在后期检查发现桥面部分锈蚀严重后，对病害部位加焊了补强构件。检查中发现，部分铆钉失效、丢失。连接缺陷使构件位移约束减弱，结构变形加剧，致使剩余铆钉受力不均，个别铆钉由于受力过大而断掉。

图 4‑16　板件及节点板锈蚀锈胀严重

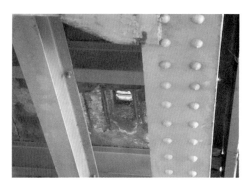

图 4‑17　混凝土桥面露筋、木桥面板腐烂

（4）永久变形。

竖杆、转动跨门架及斜撑由于外力超过结构屈服强度造成永久变形，主要原因包括超载、撞击以及锈胀。较大变形的产生改变了原有构件的受力状态，影响结构的使用性与安全性，如图 4‑18 所示。

图 4 - 18　竖杆、转动跨门架及斜撑永久变形

（5）焊缝裂纹与开裂。

由于疲劳或强度超限，部分构件传力焊缝出现裂纹，后期加固的焊接构件（如转动跨门架加固角钢焊缝）局部出现焊缝开裂现象，如图 4 - 19 所示。

图 4 - 19　节点传力焊缝及转动跨门架加固角钢焊缝开裂

（6）弹坑。

桥身留有大量战争时期的弹坑，如图 4 - 20 所示。

图 4 - 20　战争遗留的弹坑

　　综合金汤桥上部结构病害调查,同其他老桥一样,主要存在油漆失效、钢结构锈蚀、连接松动、铆钉丢失以及构件永久变形等病害。其中,对结构承载能力影响最大的是构件的锈蚀,锈蚀主要集中在桥面以下,通风差且容易聚积垃圾和雨水,构件多为几层薄板拼接,板间接缝受水汽侵蚀,极易发生锈胀。

　　2) 墩台及支座

　　原桥下部结构是由钢砖及混凝土组成的重力式墩台。墩台除承受上部结构的荷载作用外,还承受台后填土压力、水压力、偶然荷载(撞击力)等作用。由于该桥使用年限较长,城市交通荷载日益繁重,墩台的负荷已达到甚至超出设计规定。尤其 20 世纪 60 年代特大洪水以及 1976 年唐山大地震使得下部结构损毁严重,桥墩出现裂缝,并有明显下沉现象,如图 4-21 所示。支座处混凝土开裂,支座老化锈蚀。转动跨桥墩后浇支座垫石被压碎,其中,上游侧垫石混凝土及钢砖大面积脱落,钢筋外露,下游侧垫石开裂,裂缝宽度达 2 cm,长度为通长,深 20 cm,内部钢筋锈蚀严重,如图 4-22 所示。

图 4-21　桥墩竖横向裂缝

图 4-22　垫石破碎、露筋

3) 开启系统

1970 年对金汤桥进行维修加固时,桥梁已顶升,转动跨轴承失效,墩上部分转动开启系统已拆除,原平转式开启跨的梁端已通过撑杆固定于桥墩,转动跨梁端部已固定锁死,滚轮支座已固定,丧失开启条件,如图 4-23、图 4-24 所示。

图 4-23 墩上部分转动开启系统拆除、轴承失效

图 4-24 转动跨梁端及滚轮支座固定

4.2.4 桥梁结构测量

桥梁结构测量是获得老桥结构及构件原始设计数据的基本手段,在详细查阅档案资料的基础上开展原桥的结构测量工作。根据档案资料及测量结果,分析结构原始构造,绘制各部件结构详图,并与照片进行对比。拼接各部分详图,组成完整结构详图。

(1)测量方法与工具。

金汤桥结构复杂,构件较多,对测量要求较高。测量小组采用卷尺、直尺、游标卡尺以及地质罗盘等测量工具测量，具体测量流程如图 4-25 所示。首先将测量对象绘成轮廓草图，量取大样尺寸，输入计算机，绘制精确图形，在此基础上绘制各细部构造及铆钉位置，再输入计算机，绘制结构详图，去现场校对具体尺寸与构造。

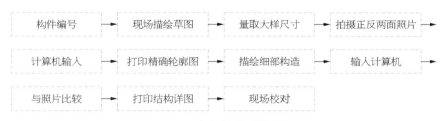

图 4-25　桥梁结构测量流程图

（2）总体尺寸测量。

金汤桥结构特殊，不能将构件拆除进行测量。受结构以及构件位置所限，无法采用经纬仪或测距仪测量。因此采用卷尺以及罗盘结合的方法测量总体尺寸，具体测量步骤如下：

①　采用直尺测量各个杆件水平距离。

②　采用罗盘测量各个斜杆的倾角。

③　移去外侧人行道部分钢桥面板，采用直尺测量各个节点上下弦间高差。

④　根据水平距离，利用斜杆倾角以及节点高差计算得到上弦节点的 3 个高差数据。

⑤　结合实地量测的细部结构图分析 3 个数据，选取最符合实际的一个作为上下弦间高差。

⑥　使用木梯测量桥梁门架的构造尺寸。

⑦　根据节间位置以及节点高差确定立面图总体尺寸。

⑧　在船上对桥梁下平联进行测量，以确定平面布置。

（3）结构细部测量。

结构细部的测量工作包括以下内容：

①　杆件尺寸的测量。

②　节点板尺寸的测量。

③　节点连接方式的确定。

④ 拼接板位置的确定。

⑤ 铆钉位置的测量。

结构细部测量部位包括主桁、下平联及人行道托架三部分,采用游标卡尺以及直尺测量。由于金汤桥为对称结构,故仅对转动跨以及固定跨各取 1/4 结构进行测量。其中,下平联连接方式相同,各选取 2 种纵梁(普通纵梁、小纵梁)和 3 种横梁(普通横梁、端横梁和小横梁)量测。参照档案图纸对人行道托架进行测量。

(4) 开启系统测量。

金汤桥在过去的多次维修与加固中,开启功能已被废除,大部分传力和动力装置已缺失。本次对开启系统测量的主要目的是:详细测量现存的传力装置(如齿轮、轴承等),以及传动机构与桥梁上部结构连接的具体位置,根据传动机构量测的结构详图,确定各传力装置与上部结构及传力装置之间合理的衔接关系,分析开启系统最初的传动原理和设计思想,恢复开启系统传动机构的原理图。

(5) 桥梁构件编号与拍照记录。

为明确桥梁各部件之间的关系,有必要对各节点及桥道纵横梁进行编号,为结构详图恢复工作提供标识。各部位编号用石粉笔标记在桥体相应部位,使得所拍照片与结构详图形成很好的对应关系。

主桁节点编号采用目前国际上通行的规则,即以金汤桥固定跨端部主桁上弦节点起始,沿纵桥向节点序号依次增加,至转动跨端部结束,主桁上弦节点的对应编号为 U1～U25。以固定跨端部主桁下弦节点起始,沿纵桥向节点序号依次增加,至转动跨端部结束,主桁下弦节点的对应编号为 L1～L25,编号图略。

4.2.5 桥梁结构详图恢复

根据实桥测量结果,绘制金汤桥原总体布置图、节点与主桁杆件详图、桥面系结构详图、下部结构外形图及开启系统原理图。

(1) 桥梁总体布置图恢复。

桥梁总体布置图包括平面总体布置图、立面总体布置图。根据现有的地形平面图资料,确定桥梁下部结构墩台的具体位置,进而确定上部结构、下部结构、支座之间的相对位置关系,以及固定跨与转动跨之间的相对位置关系,如图 4-26 所示。

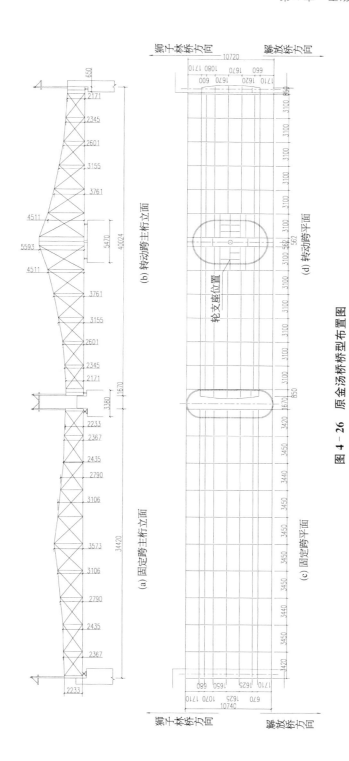

图 4 - 26　原金汤桥桥型桥布置图

（2）节点与主桁杆件详图恢复。

节点与主桁杆件详图的恢复主要包括：固定跨与转动跨上下弦杆、竖杆、斜杆的详细尺寸，主桁各杆件的连接方式，各节点的杆件组成和相对位置，各节点板的详细尺寸，主桁杆件铆钉规格及具体位置。根据桥跨结构实测数据，绘制各个细部构造的结构详图，同时结合金汤桥仅存的旧桥加固的文字资料，分析结构原始构造，并剔除后期维修加固的构件，最终恢复节点与主桁杆件的结构详图，典型节点构造如图 4 - 27 所示。

（3）桥面系结构详图恢复。

金汤桥固定跨与转动跨的下平联主要由普通横梁、端横梁、纵梁及人行道托架组成，而桥面铺装已由原有的木桥面改造为普通钢筋混凝土桥面板上铺沥青混凝土面层。结合原桥仅有的木桥面铺装资料，恢复原始桥面构造图，最终完成桥面系结构详图。固定跨及转动跨典型断面及木桥面铺装构造如图 4 - 28、图 4 - 29 所示。

（4）下部结构图纸恢复。

原金汤桥下部结构采用重力式墩台基础，开启跨边墩及中墩外形图如图 4 - 30、图 4 - 31 所示。

（5）开启系统原理图恢复。

根据开启系统的量测结果，分析现存的传力装置，研究原有转动机构的传动机理、传动机构与桥梁上部结构之间的连接方式，以及传力装置之间合理的衔接关系，推断开启系统最初设计思想，恢复开启系统转动机构的原理图，如图 4 - 32 所示。

4.2.6 改建原则及改建方案

根据以上调研分析，金汤桥病害严重，整体安全性堪忧，已不适于继续运营。同时，根据天津海河两岸综合开发改造规划，桥下净空亦不满足海河规划通航要求，且现有桥位压缩河道。为配合海河改造工程，建议在原址按原形重建金汤桥。

金汤桥对天津及海河具有深远的历史意义，拆除重建将对历史文物的保护造成损失。为了实现对原桥的逼真仿制，对原桥更好地加以保护，在拆除之前对桥梁结构进行了全面的调查分析，最大限度地恢复了结构详图，同时拟定合理的拆除方案。本次金汤桥改建方案的原则是建新如旧，具体如下：

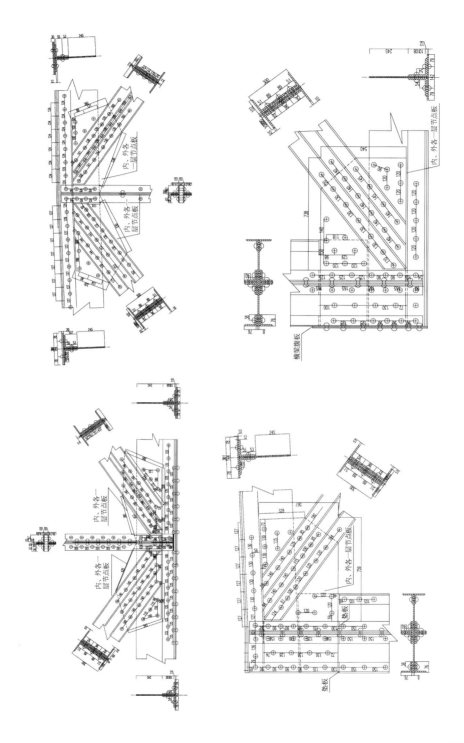

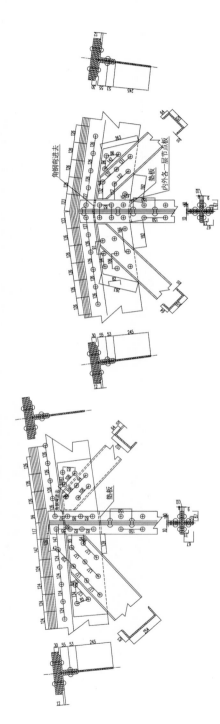

图 4 - 27　原金汤桥典型节点构造图

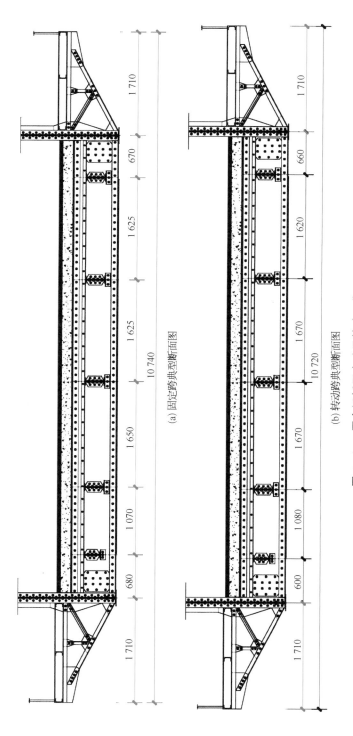

(a) 固定跨典型断面图

(b) 转动跨典型断面图

图 4-28　原金汤桥固定跨及转动跨典型断面图

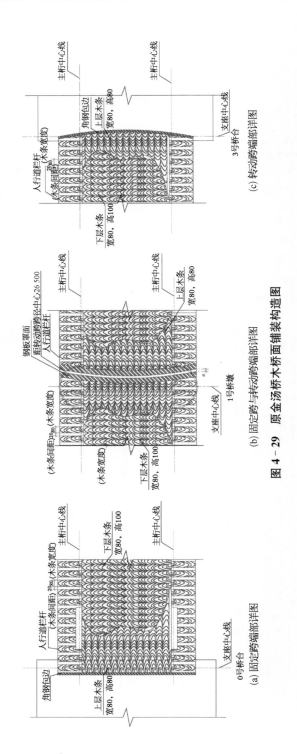

图 4 - 29　原金汤桥木桥面铺装构造图

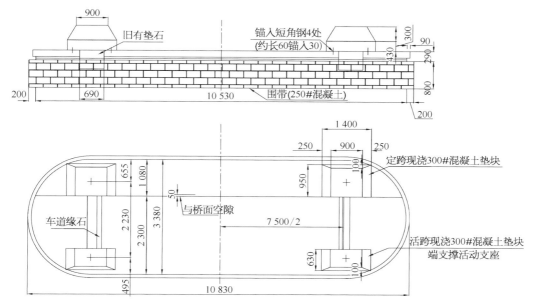

图 4-30　原金汤桥开启跨边墩外形图

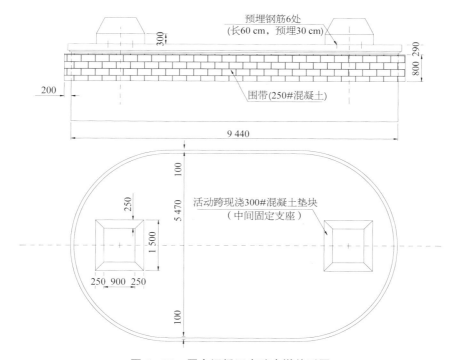

图 4-31　原金汤桥开启跨中墩外形图

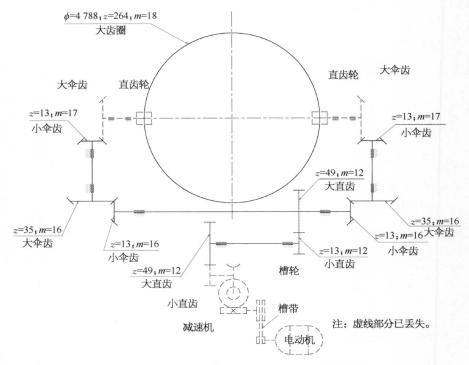

$\phi=4\,788;z=264;m=18$
大齿圈

大伞齿   直齿轮   直齿轮   大伞齿

$z=13;m=17$
小伞齿

$z=13;m=17$
小伞齿

$z=49;m=12$
大直齿

$z=35;m=16$
大伞齿

$z=13;m=16$
小伞齿

$z=49;m=12$
大直齿

$z=13;m=12$
小直齿

槽轮

$z=35;m=16$
大伞齿

$z=13;m=16$
小伞齿

小直齿

槽带

减速机

电动机

注：虚线部分已丢失。

图 4-32 原金汤桥金汤桥开启系统原理图

（1）重建下承式全铆接钢桁梁桥，桥梁主体结构与原结构形状相似，按照原桥造型，将结构进行翻新，钢构件的连接仍采用铆接，并尽量保持原金汤桥钢桁架线形。

（2）原金汤桥不满足规划河道要求，需加大原固定跨与转动跨跨径。因此，重建转动跨跨中桥墩，转动桁架加长 13 m，即原桥台向东岸移 13 m，加长后转动桁架长 53 m。固定跨加长 2.5 m，原桥西岸桥台废除，向西岸移 2.5 m 设桥墩。

（3）原桥梁宽度维持不变，为 10.72 m，分为两侧通透人行道与中央非机动车道三部分。横向布置为：1.71 m（主桁外侧人行道）+7.3 m（主桁内侧非机动车道）+1.71 m（主桁外侧人行道）。

（4）下部采用钢筋混凝土实体墩台，钻孔灌注桩基础。

（5）恢复金汤桥平转式开启功能，保留并改进原有的电动开启操作系统，增加手动开启操作系统，改进传动及支撑系统，为正常的平转开启提供保证。

（6）为减少桥梁自重，降低开启重量，恢复采用原木板桥面构造。

（7）翻新后的金汤桥作为人行桥交付使用。

4.3　铆接构件静力与疲劳试验

金汤桥重建工程中，引入现代高性能钢结构板材，全桥主要受力板件采用 Q345qD 钢材，规格与原金汤桥相同，板厚有 8 mm、10 mm、12 mm 三种。型材主要采用角钢，材质为 16Mn 钢，规格有 L75×10、L80×8、L125×12。选用不经表面处理的半圆头铆钉，直径为 22 mm，材质为 BL3。

4.3.1　试验目的及内容

1）试验目的

为验证铆接结构的可靠性，本桥在整体加工制作之前进行了铆接工艺评定试验、铆接接头的静力试验、疲劳性能试验等。铆接工艺评定试验内容及主要结论与解放桥类似，不再赘述。

（1）铆接接头静力试验。模拟真实接头受力状态，检验接头的受力、变形及应力是否与结构设计相符合。对足尺铆接接头进行拉伸破坏实验，检验接头的安全储备。

（2）铆接接头疲劳实验。对典型铆接接头进行足尺疲劳实验，检验接头在长期荷载作用下的可靠性。

2）试验内容

通过足尺静力试验与足尺疲劳试验各 1 组，模拟金汤桥典型受力构件铆接接头的力学行为，评定其承载能力及疲劳性能，具体试验方法如下：

（1）静力试验。将试件以增量 5 t 从 0 加至 45 t，测试各级荷载作用下试件伸长量与应变。如未发生破坏，再按 5 t 递减，卸除荷载。最后，从 0 加至 60 t，检验是否破坏。每次加载完毕，观察残余变形并拍照。

（2）疲劳试验。将试件及其配件固定在疲劳试验机上，以 4 Hz 的频率循环加载至 200 万次，检查试件是否出现裂纹以及残余变形。

4.3.2　试验方案

进行全桥三维有限元模型分析，选取受力较大的 U16、L15 杆件端部接头为试验原型,按照足尺试验的要求,以原尺寸作为试件设计依据。U16L15 杆件为 40b 槽钢,两端分别用 4 排共 8 个 $\phi22$ 铆钉与 8 mm 厚的节点板连接。共两组试件,每组含两个接头,分别进行接头静力试验和疲劳试验。

1) 试件及配件设计

试验在同济大学结构工程试验室进行,根据实验室反力架尺寸进行试件、夹具及连接设计。

(1) 试件。为确保杆件两端连接方式与实桥一致,试件的槽钢尺寸及连接与实桥 U16L15 杆件一致(只截取中间部分杆长),两端同样采用 8 个铆钉与 8 mm 厚的节点板连接,节点板大小根据连接及加载需要确定。为了保证节点板与夹头的连接强度,上下均设计了连接拼板。同时,为提高试验效率,采用两个接头的串联加载方案,试件设计详图如图 4-33 所示。

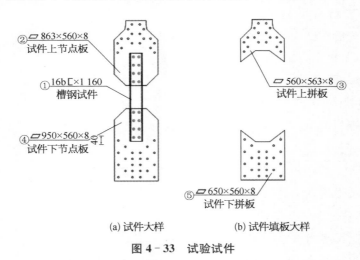

② 863×560×8
试件上节点板

① 16b匚×1 160
槽钢试件

④ 950×560×8
试件下节点板

③ 560×563×8
试件上拼板

⑤ 650×560×8
试件下拼板

(a) 试件大样　　　　(b) 试件填板大样

图 4-33　试验试件

(2) 夹具。考虑到上下横梁的安装空间不同,夹具采用了不同的设计。上夹具由两个带肋条的丁字形夹板组成,其下端夹接试件上端,试件部分总厚 24 mm,对应的夹具上端中间设置一块 24 mm 厚的填板。设计下夹具时,考虑到下横梁高度固定,只有 0.8 m 的梁下净空,不能采用与上夹头一样的长板穿入横梁的设计方式,而只能采用窄夹板穿过下横梁,夹板上端与试件相连,下端用螺栓与下夹头相连。

2) 加载方式

静力试件与疲劳试件采用相同的构造和安装方式,均利用疲劳试验机施加作用力,如图 4-34 所示。

3)静力试验测点布设

静力试验共设 43 个应变测点,分别布置于槽钢试件腹板铆钉孔附近、槽钢翼缘外侧和节点板受力较大位置。槽钢翼缘两侧各设一电子位移计,用于测量槽钢在试验中的伸长量。应变测点布置如图 4-35 所示。

图 4-34　试验总体布置照片　　　图 4-35　试件应变片布置图

4.3.3　静载试验

1)试验加载

(1)加载范围 0～45 t,每 5 t 一级,停留 5 min 后读数。

(2)45 t 时拍照,观测变形情况。

(3)按照每 5 t 逐级卸载并读数。

(4)回零载 10 min 后读数归零,再次加载至 10 t,停留 3 min 后读数。

(5)从 10 t 连续加载到 60 t,连续读数。

2)试验过程

实验过程平稳,槽钢腹板、翼缘外侧、节点板应变测量如图 4-36～图 4-38 所示。

（1）槽钢腹板应变测量。

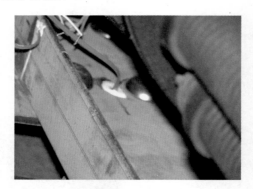

图 4-36　槽钢腹板受力最大的第一排铆钉

（2）槽钢翼缘外侧应变测量。

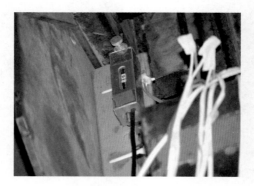

图 4-37　槽钢翼缘外侧应变

（3）节点板应变测量。

图 4-38　节点板应变

3）破坏试验

在完全卸载并停留 10 min 后，对静载试验的试件继续进行拉坏试验，最大加载达到 60 t，满足设计要求。

卸载后铆钉未出现剪断或肉眼可见的损坏，但槽钢试件和节点板有相当明显的变形。槽钢中部拉长，翼缘变窄，第一排连接铆钉截面塑性变形明显，节点板边缘外翘，如图 4 - 39、图 4 - 40 所示。

图 4 - 39　拉坏试验　　　　　　图 4 - 40　静载试验试件的残余变形

4.3.4　疲劳试验

1）试验加载

（1）静载试验完成后，更换试件。

（2）对准备进行疲劳试验的试件进行超声波探伤，以便与试验后的探伤结果进行比照。

（3）试件安装就位后，施加 27 t 静载预拉力。

（4）以 12 t、27 t 为最小和最大预拉值，采用正弦波形施加疲劳荷载，试验频率为 4 Hz。

2）试验过程

疲劳试验拟加载至 200 万次，加载完成而未破坏时观测残余变形和超声波探伤。若加载中破坏，观察断口形貌，并拍照。

疲劳试件在加载 247.5 万次后发生脆性断裂。疲劳试件在槽钢试件与上节点板连接的第一排铆钉孔中心截面断裂，如图 4-41、图 4-42 所示。断口形状整齐，没有出现明显的疲劳裂纹。

图 4-41　疲劳试件断裂位置

图 4-42　疲劳试件断口

4.4　金汤桥改建工程设计

金汤桥改建工程设计内容包括总体设计、钢桁梁设计、下部结构设计、开启系统设计等。

4.4.1　设计规范及技术标准

1）设计规范

（1）《城市桥梁设计准则》（CJJ 11—1993）。

（2）《城市桥梁设计荷载标准》（GJJ 77—1998）。

（3）《公路桥涵设计通用规范》（JTJ 021—1989）。

（4）《公路钢筋混凝土及预应力混凝土桥涵设计规范》（JTJ 023—1985）。

（5）《公路桥涵地基与基础设计规范》（JTJ 024—1985）。

（6）《公路桥涵钢结构及木结构设计规范》（JTJ 025—1986）。

（7）《公路工程抗震设计规范》（JTJ 004—1989）。

（8）《钢结构设计规范》（GBJ 17—1988）。

（9）《城市防洪工程设计规范》（CJJ 50—1992）。

2）设计技术标准

（1）桥梁横断面布置：1.71 m（栏杆及人行道）＋7.3 m（非机动车道）＋1.71 m（人行道及栏杆），全宽 10.72 m。

（2）人群荷载：4 kN/m²。

（3）道路横坡 1.5％，不设纵坡。

（4）场地抗震设防烈度为Ⅶ度，设计基本地震加速度为 0.15 g。

（5）通航要求：Ⅵ级航道。

4.4.2　主要设计参数

1）材料要求

（1）主桁与桥道系钢结构：16MnqD。

（2）铆钉：16MnqD，直径 21 mm。

（3）桥面木板铺装：18 cm 厚条形柞木板。

2）主要作用

（1）永久作用。

结构自重：钢结构容重 78.5 kN/m³，木结构容重 5.4 kN/m³。

基础不均匀沉降：3 mm。

（2）可变作用。

人群荷载：4 kN/m²。

风荷载：桥位区平均海拔 20 m 高度处，频率 1/100 的 10 min 平均最大风压 600 Pa。

整体升降温：极限最高气温 41.2℃，极限最低气温 -27.4℃。

日照温差：按照《公路桥涵设计通用规范》规定计算。

（3）偶然荷载。

地震动：设计基本地震加速度为 0.15 g。

4.4.3　总体设计

改建后的金汤桥固定跨加长 2.5 m，主桁节间与桁高略有改变。转动跨加长 13 m，主桁增加两个节间，最高桁高由原 5.9 m 增大至 6.2 m。开启系统除按原样恢复电动开启外，再增加一套手工开启系统。重建后，桥梁满足Ⅵ级航道净宽 18 m、净高 4.5 m 的规划要求。改建后的金汤桥桥型布置图如图 4-43 所示。

改建后，金汤桥桥孔布置合理，与河道相匹配，有效地增加了通航净宽，桥梁主体结构及开启系统、开启方式与原结构相同，最大限度保持了结构特点。

4.4.4　钢桁梁设计

1）主桁

全桥主桁各杆基本保持原桥截面形式。主桁弦杆、竖杆和部分固定跨斜杆为多根角钢加钢板用铆钉拼接而成。弦杆为 T 型，竖杆多为＋型，主桁斜杆为拼接工字型或槽钢。钢主梁横断面与原金汤桥完全一致，上下弦杆典型断面、主桁典型构造图、转动墩处桥梁横断面图、转动跨端部横断面图等如图 4-44～图 4-48 所示。

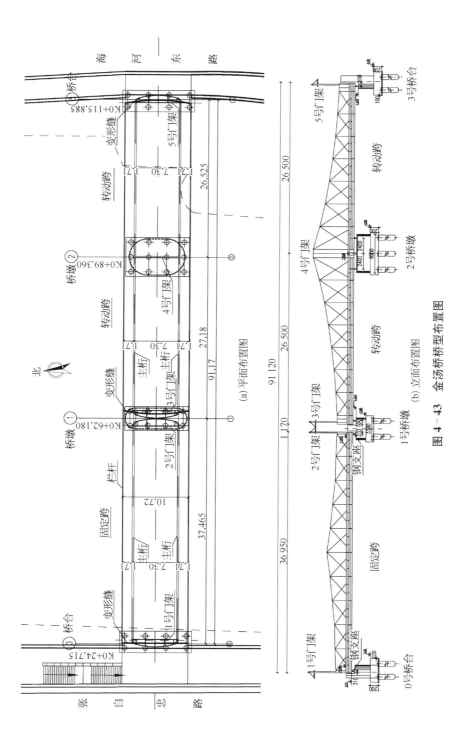

图 4 - 43　金汤桥桥型布置图

123

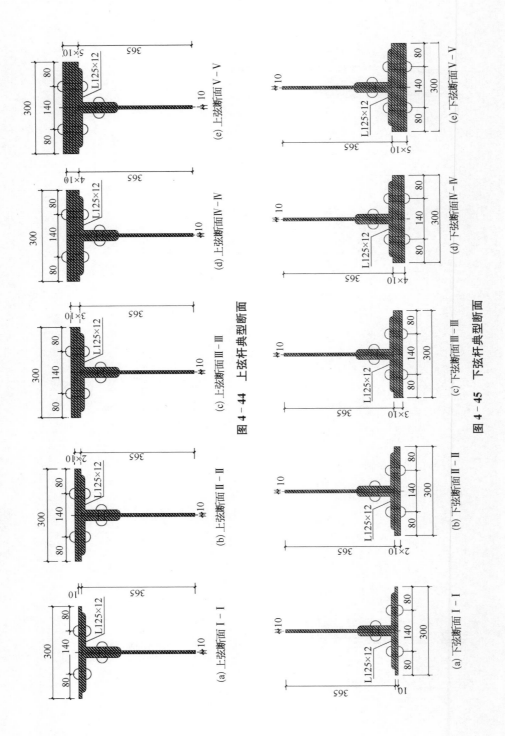

图 4 - 44 上弦杆典型断面

图 4 - 45 下弦杆典型断面

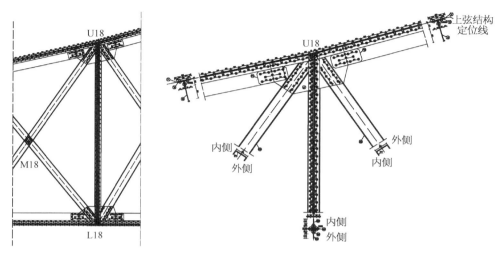

图 4‑46　主桁典型构造图

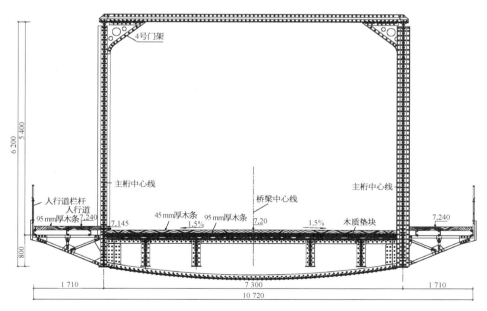

图 4‑47　转动墩处桥梁横断面图

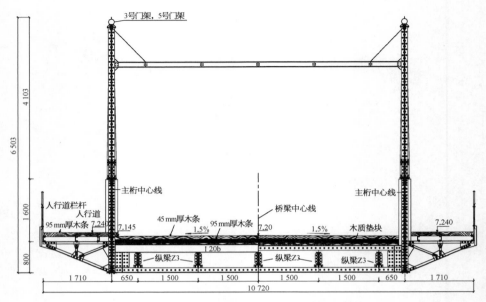

图 4-48　转动跨端部横断面图

2）桥面系

桥面系采用纵横梁体系，人行道为三角托架上加设纵梁。横梁均为角钢加钢板用铆钉拼接而成，中间横梁为工字型，固定跨和转动跨的端横梁为槽型。其中，转动跨端横梁为平面弧形，转动墩处横梁为立面弧形，以满足转动跨承重需求。中央非机动车道的纵梁均为工字型型钢，边人行道纵梁为槽钢。

桥道系纵横梁布置图、典型纵梁构造图、人行托架构造图、转动跨弧形横梁立面图、转动跨端横梁构造图等如图 4-49～图 4-53 所示。

4.4.5　下部结构设计

根据改建方案，原 1 号墩、2 号墩墩身及基础拆除后，新建墩身外形与原墩身一致，但原砖结构改为钢筋混凝土结构，结构外围饰以 25 cm 厚面砖，并通过钢筋网将钢筋混凝土结构与砖砌体结构连接成一体。1 号、2 号墩墩身宽度统一取 10.23 m（包括砖饰结构）。为减少圬工量，墩身采用空心薄壁形式，壁厚 50 cm。0 号、3 号桥台宽与桥宽一致，均为 10.72 m。桥台由原砖结构改为钢筋混凝土实体结构，前墙两侧做 $R=95$ cm 的倒角。鉴于原设计图散失，经调查分析，原金汤桥采用木桩基础，新墩采用 $\phi 800$ 的钻孔灌注桩。

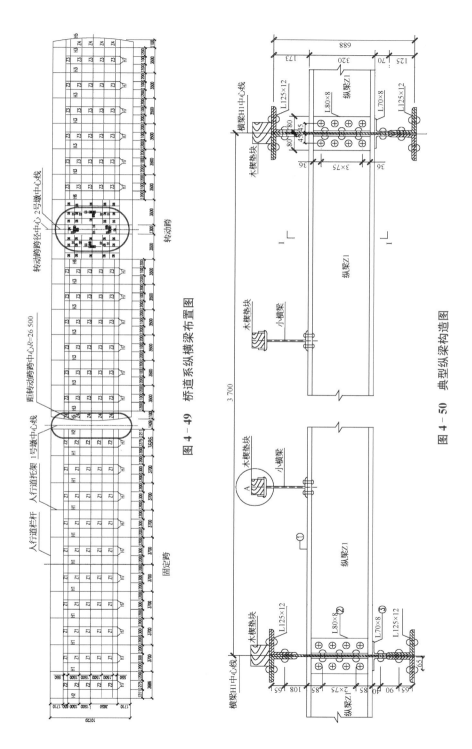

图 4 - 49　桥道系纵横梁布置图

图 4 - 50　典型纵梁构造图

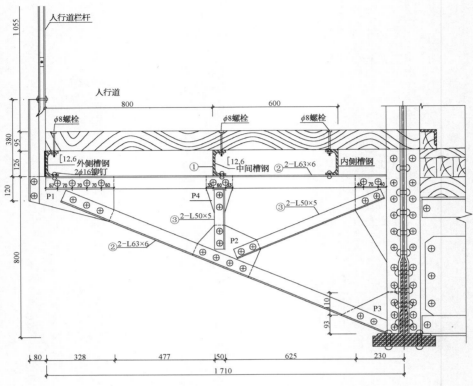

图 4-51　人行托架构造图

　　根据地质资料报告、实测河床断面及通航要求,1 号、2 号墩基础顶面高程定为 -3.9 m,桩顶高程为 -5.0 m。因 1 号墩仍在原墩位施作,考虑到新桩通过原基础时扰动土体,故设计时将桩身加长至 30 m,共 8 根对称排列。2 号墩新墩位从旧墩位沿桥中线往近岸一侧移 6.204 m,新基础施作不受老基础影响,桩长 25 m,共对称排列 12 根 $\phi 800$ 的钻孔灌注桩。因亲水平台台顶高程为 2.0 m,常水位为 1.5 m,考虑水位变动在 1 m 范围内,故将 0 号、3 号桥台基础顶高程定为 0.0 m,桩顶高程为 -1.1 m,桩长 25 m,各墩台外形如图 4-54～图 4-57 所示。

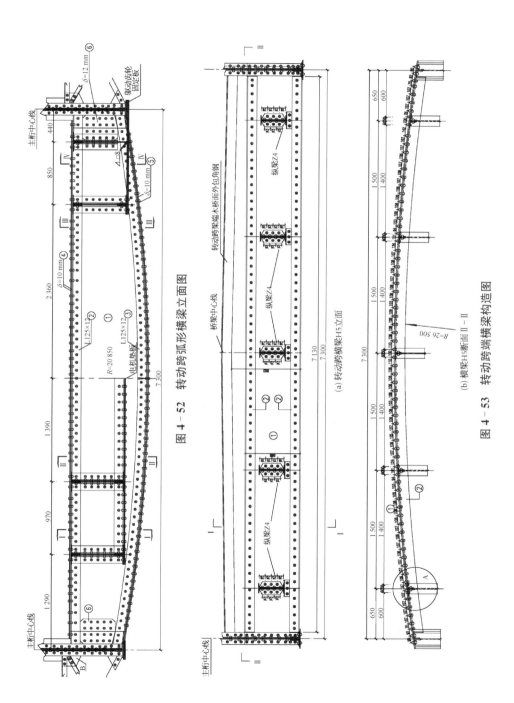

图 4-52 转动跨弧形横梁立面图

(a) 转动跨横梁H5立面

(b) 横梁H5断面Ⅱ－Ⅱ

图 4-53 转动跨端横梁构造图

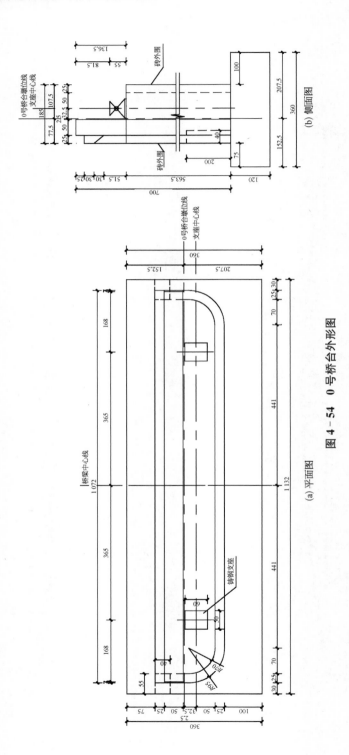

图 4 - 54 0 号桥台外形图

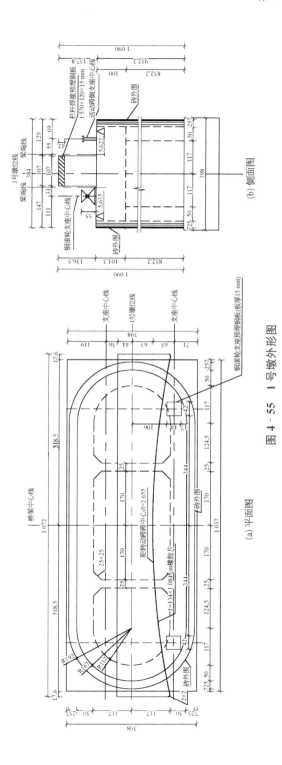

图 4－55　1 号墩外形图

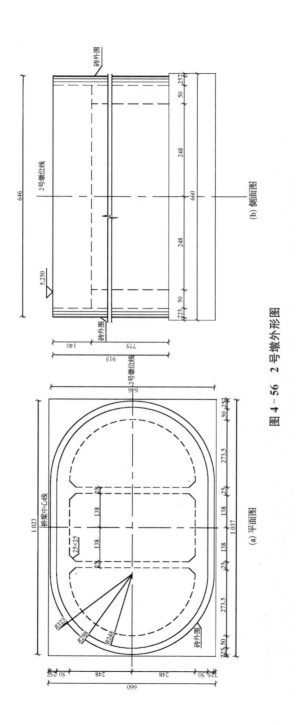

图 4-56 2 号墩外形图

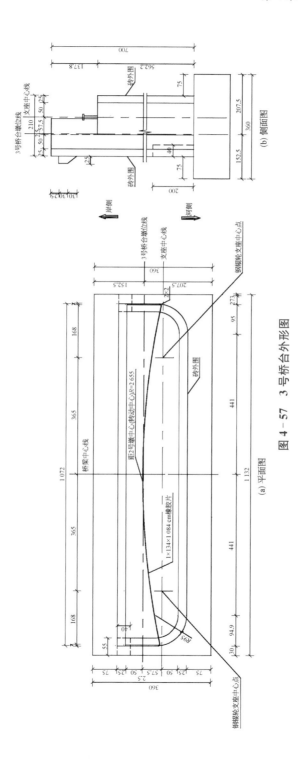

图 4 - 57 3 号桥台外形图

4.4.6 开启系统设计

根据前文调查分析可知,原开启系统存在设计缺陷。

（1）原开启系统的中心回转支承系统存在机械传动系统的回转中心、转动跨的回转中心、桥墩中心的设计基准与安装基准不一致的问题,导致开启系统磨耗严重,开启功能丧失,本次改建工程对中心回转支承系统进行改进。

（2）开启时,边墩转轮滚动对中墩转动中心轴产生巨大扭矩,造成动力系统设计繁复。在本次改建设计时,采用桥端支撑分离机构,消除开启梁端滚动摩擦影响。

1）中心回转支承系统

改建的金汤桥中心回转支承采用先进的大型高强度闭式滚动旋转系统,该系统包括转动跨主支承、大齿圈、滚轮支撑三大部分。转动跨弧形梁安装在形如莲花座的中心回转支承系统两条槽口上,并用 48 个 M24 高强度螺栓连接,如图 4-58 所示。这一巧妙的结构设计,既解决了转动跨弧形梁的强度问题,又解决了原中心轴严重的磨损现象,改滑动摩擦为滚动摩擦。同时,为实现机械传动系统的回转中心、转动跨的回转中心以及桥墩中心的设计基准与安装基准的一致性问题提供了结构上的保证。

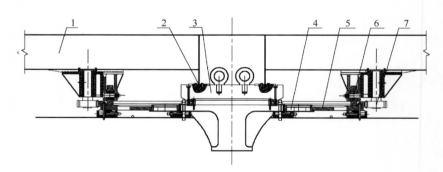

图 4-58 改建后金汤桥转动跨中心回转支承连接形式
1—转动跨;2—连接螺栓 48×M24;3—中心回转支承系统;
4—过渡系统;5—大齿圈;6—滚轮;7—驱动轮

传动机构在转动跨桥墩上的布置如图 4-59 所示。

以下分别针对连接螺栓、转动跨主支承、大齿圈、滚轮支撑进行分析。

（1）连接螺栓：改建后金汤桥转动跨中心回转支承螺栓连接形式如

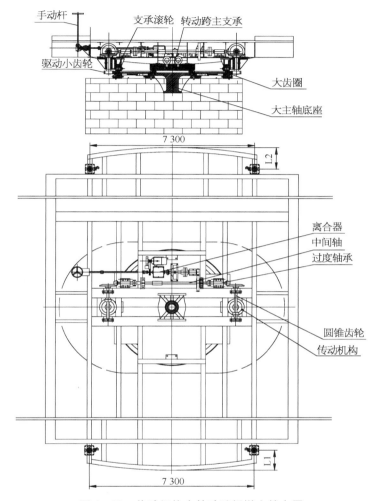

图 4 - 59　传动机构在转动跨桥墩上的布置

图 4 - 60 所示,螺栓组受到转矩 T 作用,改进后的连接采用 M24 螺栓,性能等级为 8.8 级,安全系数 $S = 1.5$,容许应力 $[\sigma] = 427$ MPa,转矩 $T = 408$ MN·mm,螺栓数 $Z = 48$ 个。经验算,改进后的螺栓强度满足要求。

（2）转动跨主支承:转动跨主支承在工厂进行加工,其接触旋转面按照机加工面标准加工并密封,保证了转动时只产生极小的摩擦力。转动时支撑滚轮与大齿圈支承面的摩擦由原来的滑动摩擦改变为滚动摩擦,摩擦系数 $f = 0.1$,摩擦系数大幅降低,转动跨主支承如图 4 - 61 所示。

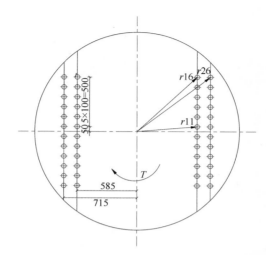

图 4‑60 改建后现金汤桥转动跨中心回转支承螺栓连接形式(单位:mm)

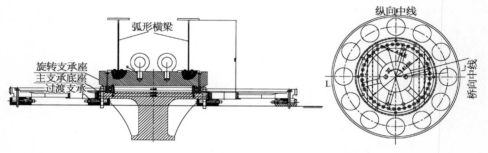

图 4‑61 转动跨主支承立面及平面图

转动跨主支承通过高强螺栓与转动墩墩顶连接,为安装基准提供保证,同时为主桥提供足够的支撑,并在桥梁运营及平转全过程中适应所有可能出现的偏载及动载。

(3)大齿圈:大齿圈的作用是为支撑滚轮提供刚性支撑,大齿圈直径达 5 m,分两部分制作,相接处设置连接构造,大齿圈下设调整楔块以便准确定位如图 4‑62 所示。

(4)滚轮支撑:设置滚轮支撑是为抵御桥梁使用时的偶然偏载,滚轮支撑位于大齿圈的外缘,支撑距离较远,支撑扭矩较大,可以充分抵御偏载的作用。与原金汤桥支撑系统相比,改滑动摩擦为滚动摩擦,大大减小了开启阻力如图 4‑63 所示。

大齿圈的回转中心与中心回转支承系统中心(即桥墩中心)设计基准与安

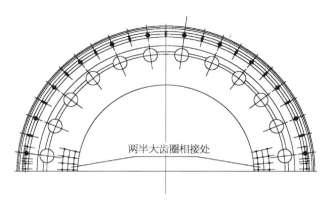

图 4 - 62　大齿圈图

装基准能保证一致,大齿圈与两驱动轮的啮合回转中心能保证一致,转动跨的回转中心由两条槽口定位及 48 个 M24 高强度螺栓连接而成一致,其三个回转中心能够保证设计基准与安装基准一致,即称其满足三者同一性原理。这是平转式开启桥必须满足的基本条件。实践证明,复原后的转动跨开启系统达到了安全、可靠、平稳、灵活的设计要求。

2)桥端分离机构

由于平转跨桥端距离主支撑较远,为消除平转跨桥端转动时的摩擦力对转动造成的较大扭矩,在设计时考虑将梁端脱空,同时还需保证桥梁

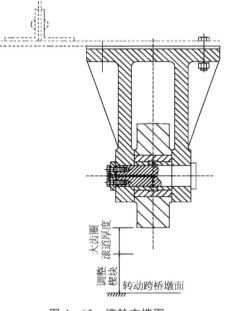

图 4 - 63　滚轮支撑图

在运营时提供梁端的支撑,因此,在梁端设置桥端支承分离机构。

转动跨两端设置四组支承分离机构,在机械结构设计上仍采用滚轮形式以保持原貌,升降机构采用螺杆传动形式,并用电气控制其升降运动。每组支承分离机构的上升由限位开关控制,下降由限流(电流)开关控制。桥端支承分离机构主要由定位螺栓、滚轮及滚轮支承、挡圈、上中下轴承、链轮、开关触杆、行程开关及相应的电气控制系统组成,如图 4 - 64 所示。

桥端支承分离机构电动机型号为：NMRV‑050‑60‑71BS‑B31,功率 $N=0.25\,kW$,转速 $n=1\,440\,r/min$。

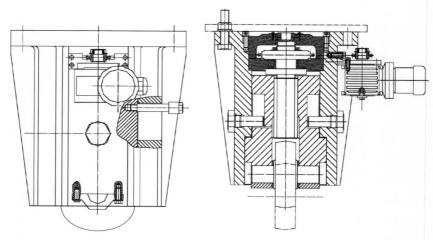

图 4‑64　桥端支承分离机构正桥向及侧桥向视图

桥端支承分离机构的安装及试运转应注意以下事项：首先进行空载试运转,注意螺母不能超行程,也不能在返回时碰到限位块,以防损坏部件。装好限位开关(现场联接)并进行调节,限位开关位置应使螺母在上限位 2 mm 处停止。反复多次进行正反运转试验,检查是否有异常现象,注意伸出行程不能超过 65 mm,以防螺母滑出螺杆。与桥联接成一体时,应保证螺母下伸行程 60 mm 接触桥面,否则进行调整,并要保证滚轮轴的轴线与地面垂直。与电气控制系统一起调试,初顶力小于 5 kN,伸缩行程约 60 mm,应伸缩自如,无其他异常情况。

3) 机械传动系统

金汤桥开启系统中的机械传动系统基本保持原状,如图 4‑65 所示。金汤桥有手动和电动两套开启系统,为了尽量精简结构,两套开启系统合用一条传动路线。在本次改建中,设计研制了既能合用又能分离的双向离合、互为自锁的牙嵌式离合机构。即在常设状态下,手动开启系统分离,电动开启系统啮合,防止由于操作失误而造成机构损坏。

金汤桥转动跨开启系统的传动机构为：在常态条件下,手轮 18 处于桥面板下的水平位置。手轮从垂直位置到水平位置时,通过手动圆锥齿轮传

动 17 与圆柱凸轮机构 16,由拨叉 15 将中间牙嵌式离合器 10 向右移动,并
与右半牙嵌式离合器 14 啮合,此时,手动开启传动系统处于分离状态,而电
动开启传动系统处于啮合状态。当手轮 18 从桥面板下的水平位置竖起处
于垂直位置时,通过手动圆锥齿轮传动 17 与圆柱凸轮机构 16,由拨叉 15 将
中间牙嵌式离合器 10 向左移动,并与左半牙嵌式离合器与直齿轮 9 啮合,
此时,电动开启传动系统处于分离状态,而手动开启传动系统处于啮合
状态。

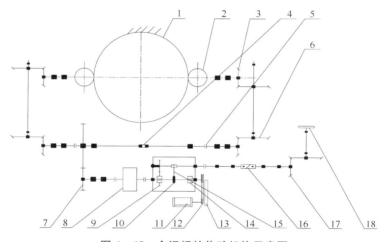

图 4 - 65　金汤桥的传动机构示意图

1—大齿圈;2—驱动直齿轮;3—圆锥齿轮传动;4—套筒式联轴器;5—弹性联轴器;
6—圆锥齿轮传动;7—直齿轮传动;8—减速器;9—左半牙嵌式离合器与直齿轮;10—
中间牙嵌式离合器;11—电动机;12—V 带传动;13—制动器;14—右半牙嵌式离合器;
15—拨叉;16—圆柱凸轮机构;17—手动圆锥齿轮传动;18—手轮

　　电动开启系统的传动路线为:电动机→V 带传动→中间牙嵌式离合器与
右半牙嵌式离合器啮合→减速器→直齿轮传动→圆锥齿轮传动(分相同两
路)→圆锥齿轮传动→驱动直齿轮→大齿圈。手动开启系统的传动路线为:
手轮→手动圆锥齿轮传动→圆柱凸轮机构→中间牙嵌式离合器与左半牙嵌式
离合器与直齿轮啮合→减速器→直齿轮传动→圆锥齿轮传动(分相同两路)→
圆锥齿轮传动→驱动直齿轮→大齿圈。

　　4)电动集中供油润滑系统

　　金汤桥开启系统本着复原功能、保持原貌的原则,整个回转传动机构仍然
采用机械传动形式。传动部件中滑动轴承的润滑初次设计均采用原单点油杯

润滑方式,期望与原貌相近。但是实际施工安装后,由于金汤桥的转动系统主要集中在转动墩,桥上维护与检修空间太小,光线暗,难以维护。加之供油油路较长,传统的手工润滑方式不能保证润滑效果,会对转动系统的长期运营造成不良影响。从长期桥梁结构检修、机械传动系统的润滑、维护、保养等方面综合考虑,改变机械传动系统原单点油杯润滑方式,设计时采用先进的电动集中润滑控制系统对机械传动系统的传动部件进行集中供油和润滑,运营状态良好。

5)新老金汤桥平转系统技术参数对比

(1)原金汤桥转动跨参数:转动跨长 40 m;大齿圈由六片组合而成,模数 $m=18$ mm,齿数 $Z=264$,分度圆直径 $d=4\,752$ mm,齿顶圆直径 $da=4\,788$ mm;驱动齿轮模数 $m=18$ mm,齿数 $Z=13$,分度圆直径 $d=234$ mm,齿顶圆直径 $da=270$ mm;中心距 $A=2\,493$ mm。

(2)新金汤桥转动跨参数:转动跨长 53 m;大齿圈由二片组合而成,模数 $m=22$ mm,齿数 $Z=240$,分度圆直径 $d=5\,280$ mm,齿顶圆直径 $da=5\,324$ mm;驱动齿轮模数 $m=22$ mm,齿数 $Z=17$,分度圆直径 $d=374$ mm,齿顶圆直径 $da=418$ mm;中心距 $A=2\,827$ mm。

4.5　上部结构计算分析

4.5.1　主桁结构静力分析

改建后的金汤桥结构形式与原结构相同,固定跨为简支梁结构,转动跨分为开启状态和闭合状态两种,分别为两跨连续梁和悬臂梁结构。采用大型通用结构分析软件 Midas 进行全桥结构静力计算,分别建立固定跨和转动跨的三维有限元模型。其中,各杆件采用空间梁单元模拟,杆件间假定为刚性连接。考虑永久作用及可变作用对结构进行强度、刚度、稳定性验算。

1)转动跨计算

(1)计算模型。转动跨是对称平转开启结构,开启时是双悬臂结构,仅受恒载作用,受力模式如图 4-66 所示。

运营状态时为双跨连续梁,通过设置预拱度,消除双悬臂状态恒载作用下的变形,仅恒载作用时,边墩支座不受力,恒载作用在双悬臂结构上。而计算

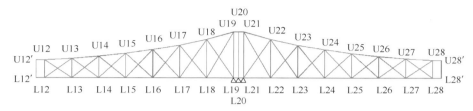

图 4-66　转动跨双悬臂结构简图

活载工况时，人群荷载布满全桥为最不利工况，活载作用在两跨连续梁的结构体系上，人群荷载为 4 kN/m²，受力模式如图 4-67 所示。

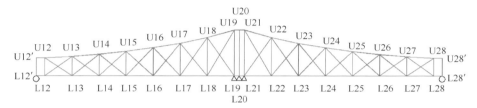

图 4-67　转动跨连续梁结构简图

转动跨三维模型精确模拟了主桁、桥道纵横梁、人行托架以及门架和风撑等结构，共包括 419 个节点、870 个单元，如图 4-68 所示。

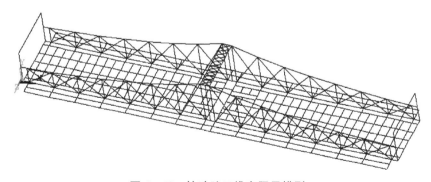

图 4-68　转动跨三维有限元模型

（2）杆件截面特性。转动跨主桁各杆均为角钢加钢板拼接而成（部分斜腹杆除外），各杆件截面特性略。

（3）转动跨刚度。结构自重及人群荷载作用下，结构的最大挠度计算结果如表 4-1 所示。开启状态下，双悬臂端部下挠最大值为 29.4 mm，通过设置预拱度消除挠度。人群荷载最大挠度 10.2 mm,小于规范值 L/800＝34 mm,转动跨刚度满足规范要求。

表 4‑1　转动跨最大竖向挠度　　　　　　　　　　　　（mm）

状　态	荷　载	位　　　置	最大竖向挠度
开启	恒载	L12′‑U12′和 L28′‑U28′	29.4
运营	人群活载	L15‑U15 和 L25‑U25	10.2

（4）主桁杆件应力。恒载＋活载组合作用下,转动跨主桁杆件应力最大值为 97 MPa,最小值为－60 MPa,低于 16Mnq 设计容许值 200 MPa,计算应力满足规范要求。

2）固定跨计算

（1）计算模型。金汤桥固定跨为简支结构,结构计算简图如图 4‑69 所示。

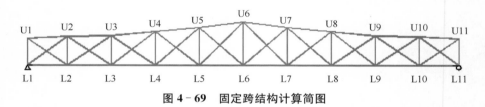

图 4‑69　固定跨结构计算简图

固定跨同样采用三维梁单元模拟主桁架、纵横梁、人行托架及门架等结构,模型共 247 个节点,488 个单元,计算模型如图 4‑70 所示。

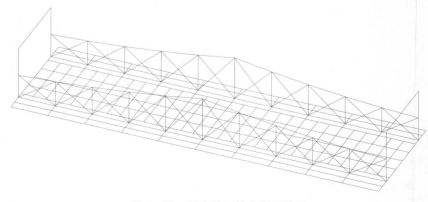

图 4‑70　固定跨三维有限元模型

（2）杆件截面特性。固定跨主桁各杆均为角钢加钢板拼接而成（斜腹杆除外），各杆截面特性略。

（3）固定跨刚度。固定跨结构自重及人群荷载最大挠度均出现在跨中，如表 4-2 所示。人群荷载作用下，最大挠度为 21.9 mm，小于规范值 L/800＝46 mm，固定跨刚度满足规范要求。

表 4-2　固定跨最大竖向挠度　　　　　　　　　　（mm）

作用类型	最大竖向挠度出现位置	最大竖向挠度
结构自重	L6-U6	13.5
人群荷载	L6-U6	21.9

（4）主桁杆件应力。恒载＋活载组合作用下，固定跨主桁杆件应力最大值为 57.5 MPa，最小值为 -73.1 MPa，低于 16Mnq 设计容许值 200 MPa，计算应力满足规范要求。

4.5.2　主桁结构稳定分析

（1）转动跨稳定验算。

根据《公路桥涵钢结构及木结构设计规范》（JTJ 025—1986）计算轴心受压杆件的稳定性为

$$\frac{N}{A_\mathrm{m}} \leqslant \phi_1 [\sigma] \qquad (4-1)$$

式中　N——杆件轴向压力；

　　　A_m——毛截面积；

　　　ϕ_1——轴心受压杆件的纵向弯曲系数，根据钢种、截面形状及弯曲方向按规范采用；

　　　$[\sigma]$——容许应力。

转动跨不同荷载作用在不同结构体系上，按照不同工况分别验算压杆稳定。仅恒载作用下，结构体系为双悬臂结构，转动跨下弦杆、部分竖杆和部分斜杆承受压力。恒活载共同作用下，上弦杆也出现压杆，部分下弦、竖杆和斜杆不再受压，而是承受反向拉力。选取主杆件截面的弱轴验算杆件失稳，杆件按照铰接简化，转动跨主桁各杆件均满足轴心受压杆件稳定要求，验算结果略。

（2）固定跨稳定验算。

固定跨跨径较大，主桁杆件受力明确，最不利荷载组合为恒活载共同作用。进行稳定验算时，选取主杆件截面的弱轴验算，杆件按照铰接简化，验算结果略，各杆件均满足轴心受压杆件稳定要求。

固定跨结构跨径较大，采用有限元分析软件计算得到结构一阶屈曲稳定系数为3.8，屈曲模式如图4-71所示。

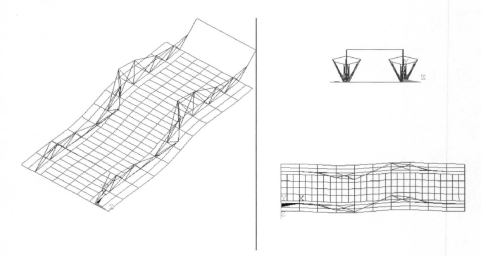

图4-71 固定跨整体失稳模态

4.6 金汤桥重建施工

4.6.1 老桥拆除

根据工程要求，原金汤桥钢梁部分进行迁移保存，拆除所有旧桥桥墩、桥台和木桩基础。

首先进行桥面拆除，如图4-72所示，其次，采用浮拖法将钢梁整体移至岸上进行单元拆解处理，并运输至指定地点。

旧桥采用砖砌体桥墩、桥台和木

图4-72 桥面拆除

桩桩基,露出水面部分桥墩利用 150 t 驳船载液压镐头机进行拆除,人工清理至空驳船上,并用驳船清运拆除物到岸边,挖掘机倒卸上岸。水面以下的桥墩和木桩采用浮吊配合振动锤拆除。

岸上的桥台及堤岸利用凿岩机拆除,挖掘机清理,所有拆除物运输到岸边后用挖掘机装载,运输车运送至指定地点。

金汤桥拆除工程为水中、水下施工,需驳船和钢围堰等辅助工作,增加了施工难度。

4.6.2　新桥施工

(1) 桥墩外包耐火砖,施工现场如图 4-73 所示。

图 4-73　墩台耐火砖施工

(2) 旋转系统安装。

① 旋转墩预埋施工:旋转墩混凝土浇筑前,按照图纸预埋孔尺寸、间距等制作定型胎具并预埋固定。

② 主支承、大齿圈安装:

在桥墩上确定旋转机构十字定位线,以确定主支承的水平度。

将主支承、过渡支承和大齿圈在地面上安装好,形成大齿圈组件并划出十字线。

将 A、B 两种可调楔铁连同地脚螺栓按要求放入预埋孔内。

在桥墩上安装大齿圈组件,保证两者十字线大致相符,地脚螺栓穿入大齿圈相应孔内,安装垫圈及螺母,要求螺杆高出螺母 2~3 扣。

调整大齿圈组件水平位移,使十字线与十字定位线对应。

预埋孔内灌浆。

预埋孔混凝土凝固后,调整楔铁,使大齿圈与支承滚轮的接触面相对东岸固定跨桥墩上平面等高,确保大齿圈组件的标高和水平度,并紧固地脚螺栓。

紧固地脚螺栓,再次对大齿圈进行测量、微调,直至达到要求。

将回转支承运至主支承上,用 40 个 M27×320 螺栓连接。

③ 旋转动力系统安装:

动力系统均在地面上安装。

转动跨在现场台架上拼装完成后,在桥下两 H4 梁间划出桥梁的纵横向中线。

旋转支承座的中心点应与 H4 梁中心相对应,并划线、钻孔、攻丝。

组装电机、减速器、减速轮系、手动装置驱动轮。

四个驱动轮的下轮缘与桥面系上平面等间距。

上述部分安装完成后,整个系统转动时不得有卡滞现象。

安装转动跨两端的支承分离机构。

除两传动立轴外,其余各轴支架均应有销钉定位。

④ 转动跨就位安装:

转动跨运至桥墩,将转动跨桥面系中心与主支承中心对应。

通过垫片调整两竖向传动轴间距及垂直度,使两小直齿轮与大齿圈的啮合达到最佳状态。

定位销定位竖向传动轴的支座。

对需要润滑的部位涂润滑脂,减速器加闸箱。

再一次对转动跨进行测量。

整体试运转,确定合格后验收。

⑤ 灌浆。

(3) 钢主梁工厂内加工,包括零件制造、杆件立体单元成组制造、桁架立体单元成组制造、场内预拼装。

(4) 钢主梁架设。

金汤桥固定跨长 37 m,最高点净高 3.95 m。转动跨长 53 m,最高点净高 6.3 m。运输车车厢底高 1 m,运输时整体高度分别为 4.95 m 和 7.3 m。金汤桥钢梁超高、超长,需分段运输以满足道路限高限宽要求,另外考虑工期要求,尽量减少现场桥梁拼装时间。

① 固定跨拼装:固定跨在场内整体加工成型后(含桥面系,不包括两侧的人行道、门架),整体运抵现场,并吊至施工平台,现场铆接门架、人行道托架和

栏杆等。结构拼装完成后,喷涂最后一道面漆。

② 转动跨拼装:

将转动跨两端运至施工现场,除连接部位外,其余部分涂面漆。

转动跨相对应的桥面系在现场拼接、铣孔、铆接完成。

在平台上拼装中间段桁架与端桁架,形成整体。

将转动跨的两整片桁梁吊上平台,如图 4-74 所示,斜拉撑支稳。

图 4-74　主梁架设

铣孔,铆接桁架与桥面系结合部分的铆钉。

将转动跨的上横梁铣孔、铆接。

转动系统安装就位(除大齿圈部分)。

人行道托架铣孔、铆接就位(含纵向槽钢)。

栏杆与托架安装就位。

(5) 开启系统施工。

(6) 桥面铺装施工。

4.6.3　现场预压实验

转动跨主体钢结构及机电传动设备组装完成后,为掌握结构在结构自重及二期恒载作用下的变形情况,以便准确安装及后期开闭顺畅,在桥位现场进行预压实验,实验内容如下。

(1) 按实际支承情况模拟结构空载状态,如图 4-75 所示。

(2) 二期木桥面试压载重 44 t,均布对称施加于桥面上,如图 4-76 所示。

(3) 人群荷载按 2.0 kN/m² 加载,均布对称施加于桥面上,如图 4-77 所示。

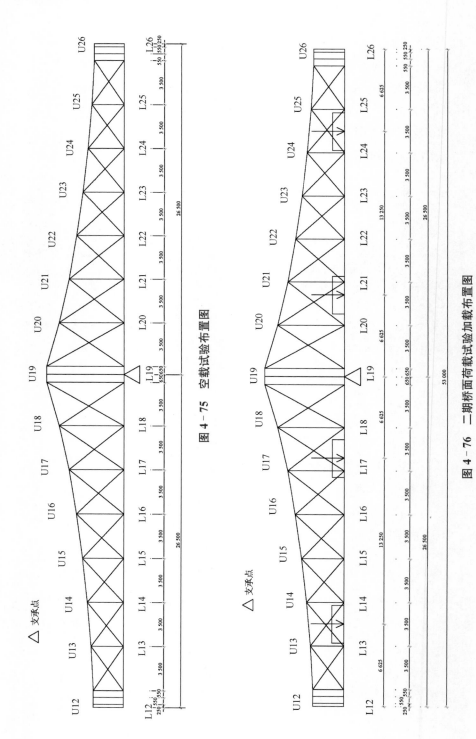

图 4 - 75 空载试验布置图

图 4 - 76 二期桥面荷载试验加载布置图

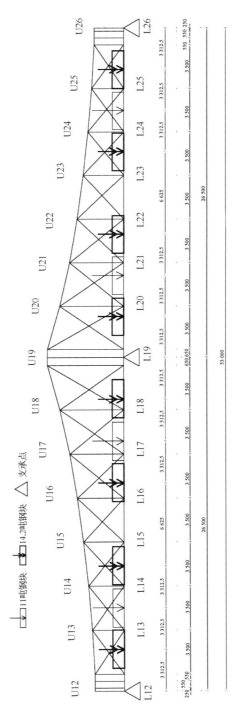

图 4 - 77　人群荷载试验加载布置图

（4）测量桥梁上下游两片桁架下弦各节点板处的变形值。

（5）观测各阶段变形值，与理论计算的变形值进行比较。

（6）预压结论：第一次的测量结果与理论计算值有差异，分析原因，主要是由于桥梁整体在工厂制作，运输时造成铆接节点局部松动，产生不规则变形。需针对松动的铆接节点，在现场进行重新修复。针对可能出现松动的节点逐一检验，针对其他节点采取抽验的方式，所有不合格节点均铲掉并重新铆接。以上工作完成后再次进行预压实验，试验结果与理论值吻合较好。根据理论值设置的开启跨预拱度满足精度要求。

4.6.4 试开启

金汤桥为平转式开启结构桥梁，融合了土木工程与机械工程特点，有别于其他非开启桥，在改建中增加以下步骤：

（1）在工厂进行各部件的精细加工，进行必要的材料强度、承载力实验及疲劳实验，严格进行精度检测。

（2）在工厂进行平转系统的组装并做相应的实验或检测，包括大齿圈与驱动齿轮的啮合试验，大齿圈、过渡支撑、回转支撑、主支撑和回转支撑座的预拼装，锥齿轮相啮合的检测，桥端分离机构组装后的检测，厂内传动组件的综合测试，转动跨及转动系统安装完成后进行实际工况测试，电器柜的测试等。

（3）转动跨桥梁就位前进行预压实验。

（4）在桥梁及平转开启系统现场安装后进行开启实验。改建后的金汤桥正式投入运营之前，进行了 5 次开启，具体如下。

① 2004 年 5 月 20 日，手动开启 20 min，转动跨约转过 10°。整个机械传动系统能安全、可靠、平稳、灵活地运行。

② 2004 年 6 月 1 日，首次进行电动开启系统试验，转动跨开启 40°，用时约 10 min。由于大齿圈不平以及滚轮间隙过小，造成滚轮与大齿圈顶面摩擦，随即对大齿圈的水平度及西侧滚轮的间隙进行调整。

③ 2004 年 9 月 10 日，在集中润滑系统安装完成后，再次对手动和电动开启系统进行试验。本次开启角度 45°，用时约 15 min。针对集中润滑系统及主要传动机构润滑状态、机械传动系统运行状态、转动跨旋转平稳性进行考察，结果比较理想。

④ 2004 年 9 月 21 日，金汤桥开启系统首次正式进行转动跨 90°全过程开

启试验,运转平稳,无噪声,单程开启时间约 12 min,基本达到设计要求。

⑤ 2004 年 10 月 16 日,金汤桥开启系统进行转动跨 90°全过程开启试验。运转平稳,无杂音,单程开启时间 12 min。金汤桥开启系统安全、可靠、平稳、灵活,达到了设计要求,验收合格。

4.7　改建后的金汤桥

改建后的金汤桥保留了原金汤桥的结构特征,满足了堤岸规划要求及通航要求,同时恢复了开启功能,成为海河上一处标志性景观,如图 4 - 78 所示。然而,作为记录战争史的弹孔并未体现于改建后的金汤桥,成为金汤桥改建工程的一件憾事。

图 4 - 78　金汤桥日景及夜景

第 5 章

狮子林桥同步顶升工程

随着天津市海河两岸综合开发改造工程的启动,天津市的海河经济正成为拉动城市经济发展的纽带,将海河发展成为城市观光的游览景点,其中一项重要规划内容就是要求海河具备Ⅵ级航道的通航条件。

海河沿线桥梁最初设计满足通航要求,然而,由于城市地下水的过度开采及其他多方面原因,市内大部分桥梁梁底中心标高过低,在高水位时只能断航。据调查,这些桥梁的实测标高与通航净空要求相比较相差 15~150 cm 不等。由于现有航道标准低,致使游船船身矮,观光感较差。因此,市中心跨海河的十几座桥梁的改造开始提上议事日程,这些桥梁大部分具有结构完整、功能完好的特点,部分桥梁更是见证了天津的历史。但由于这些桥梁建造时间较长,通航高度不足,已经不能满足城市进一步发展的需要。

上述老桥与城市发展之间的矛盾、桥梁结构及功能完好与通航净空不足的矛盾引发了一系列问题:① 如何实现将现有桥梁在不损坏结构的前提下,抬升一定高度以满足通航要求。② 怎样既可以继续发挥现有桥梁功能,同时又能尽量减少交通断行的时间。③ 采取何种设计方法可以将施工时间、费用等减至最低。在此背景下,建设者们首次提出计算机控制液压同步顶升桥梁的设计方案,并成功使狮子林桥抬高 1.271 m。

5.1　狮子林桥历史背景

狮子林桥位于狮子林大街西端,跨越海河,西连北马路(原为"老铁桥大街")。早年间此处曾有狮子林渡口,1906 年建成金汤桥后,原盐关浮桥(俗称"东浮桥")移至此处,称"水梯子浮桥"。1954 年建木桥,称狮子林桥,如图 5 - 1 所示。

图 5 - 1　20 世纪 50 年代的狮子林桥

狮子林桥建于 1974 年,为三跨简支单悬臂带挂孔预应力混凝土结构,1994 年对狮子林桥进行拓宽。2003 年海河综合开发改造时期,由于基础沉降等原因,以狮子林桥为代表的一批海河桥梁通航净空不再满足要求,成为制约海河旅游开发的瓶颈。狮子林桥改造工程将计算机控制液压同步顶升平移技术应用于桥梁顶升工程,大幅节省了投资和工期。

5.1.1　狮子林桥结构型式

1974 年,在木桥北侧 10 m 处新建了预应力钢筋混凝土桥,桥宽 24.6 m,其中,机动车道 18 m(汽车-20 级),人行道每侧 3 m。上部结构为三跨简支单悬臂带挂孔结构(老桥),主梁为预应力混凝土箱梁,采用明槽张拉预应力钢束,跨径布置为 24 m+45 m+24 m,挂孔长 8 m。主梁为预应力混凝土单箱多室结构,其中,0 号块为现浇结构,其余部分均预制拼装而成,桥台位置的主梁设置压重块。下部结构中墩采用钻孔灌注桩,钢筋混凝土圆端式实体墩,横桥向中边墩均设 6 个钢制固定支座。边墩采用钻孔灌注桩,钢筋混凝土盖梁,横桥向中边墩均设 6 个钢制辊轴支座,在两个边桥台后均设有重力式挡土墙,以平衡台背土压力。桥两侧设高 1 m 水刷石护栏。原木桥随之拆除,在桥台上安装了二龙戏珠、哪吒闹海等喷泉彩雕。狮子林桥名称源自"狮子林"地名,桥上并没有狮子。

1994 年,在老桥上、下游每侧各修建一座新桥,新桥桥宽 9.3 m,新桥修建时将老桥的人行道拆除,改为中央分隔带,新桥作为非机动车道和人行道,设计荷载为汽车-15 级,人群荷载为 3.5 kN/m²。新桥桥梁上部结构外形与老桥相同,结构形式为三跨变截面预应力混凝土箱形连续梁,主梁为单箱单室结构,跨径布置为 25.2 m+45 m+25.2 m。下部结构中墩采用钻孔灌注桩,钢筋混凝土实体墩,中墩设 2 个盆式橡胶固定支座。边墩采用钻孔灌注桩,钢筋混凝土盖梁,桥台设 2 个四氟板橡胶支座。在两个边墩后均设有重力式挡土墙,以平衡台背土压力,顶升前的狮子林桥如图 5-2 所示。

图 5-2　顶升前的狮子林桥

顶升前的狮子林桥桥型布置如图 5－3 所示。

狮子林桥老桥及新桥边桥台如图 5－4 所示。

老桥车行道伸缩缝按 0.5％ 的横坡设置，桥头采用橡胶伸缩缝，新桥采用梳齿板伸缩缝。桥两侧设高 1 m 水刷石护栏，采用沥青混凝土路面。

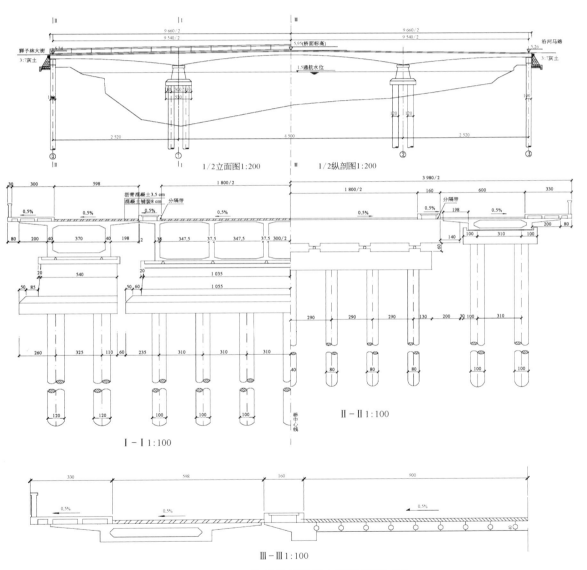

图 5－3　狮子林桥桥型布置图(顶升前)

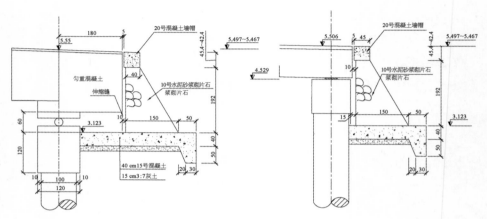

图 5 - 4　老桥、新桥边墩形式

5.1.2　狮子林桥顶升的必要性

世界各国城市在发展过程中,无一例外地都会碰到老建筑与城市新规划产生碰撞、矛盾的问题,如何利用、改造、加固老建筑并继续发挥其功能成为一个很大的课题。尤其在历史悠久、多桥的城市更是如此。与拆毁重建相比,保护修复方案在这些具有文化底蕴的城市中更多地被采纳。

以狮子林桥老桥为例,如采用拆除后重建的方案,从旧桥拆除、管线切改至新桥建成,参照《全国统一建筑安装工程工期定额》标准,定额工期约为 8.5 个月,按照天津市同等规模、一般标准的桥梁测算,工程总投资约为 4 196.5 万元。在工程建设期内,将从环境、交通等方面直接影响人们的生活,尤其在交通方面,海河将天津市区一分为二,海河上的每一座桥都是天津经济发展的大动脉,重建新桥无疑会使天津繁重的海河交通雪上加霜。

通过分析比较及反复论证,建设者提出将国际先进的计算机控制液压同步顶升技术应用到天津的旧桥改造工程,即采用同步顶升技术对桥梁进行顶升,这样可在不损坏现有桥梁结构的基础上,达到桥梁"长高"的目的,而这项技术在当时国内桥梁史上尚属空白。

狮子林桥采用桥梁顶升的改造方案,工程总投资约 1 532.3 万元,预计工期 2 个月,比重建新桥节约投资 2 664 万元,缩短工期 6.5 个月,如表 5 - 1 所示。顶升后的桥下净空 4.5 m,满足Ⅵ级航道标准的要求,可解决现有桥梁通航净空不足的问题。

表 5-1　狮子林桥改造工程费用综合比较表

序号	项　目　名　称		费用(万元)	工期(月)	备　注
1	原桥顶升工程总投资		1 532.3	2	/
2	建新桥总投资	新桥建安工程费(含水中墩)	3 500	8.5	5 000 元/m²
		搭设临时便桥费用	56.5	/	按定额要求
		旧桥拆除费	490	/	700 元/m²
		管线切改费	150	/	/
		合计	4 196.5	/	/
3	原桥顶升比建新桥节约费用		2 664.2	/	/

注：1. 建新桥工程总投资估算指标(包括工程建设其他费用与预备费)，参照天津地区普通桥梁标准选取。

2. 拆桥工程费用指标参照《天津市市政工程预算定额》及天津市其他桥拆桥工程造价选取，并考虑部分不确定因素。

3. 管线切改费参照天津市其他工程管线切改费估算。

5.2　PLC 控制液压同步顶升技术原理

2003 年，狮子林桥在同步顶升工程中采用了 PLC 控制液压同步顶升系统。PLC 是"Programmable Logic Controller"的缩写，意为"可编程逻辑控制器"。PLC 控制液压同步顶升系统由液压系统(油泵、油缸等)、检测传感器、计算机控制系统等几个部分组成。其中，液压系统由计算机控制，可全自动完成同步位移，实现力和位移控制、操作闭锁、过程显示、故障报警等多项功能。PLC 控制液压同步顶升系统具有以下特点。

(1) 具有友好的 Windows 用户界面控制系统。

(2) 整体安全可靠，功能齐全。

(3) 软件功能：位移误差控制、行程控制、负载压力控制、紧急停止、误操作自动保护等。

(4) 硬件功能：油缸液控单向阀可防止任何形式的系统及管路失压，保证负载有效支撑。

(5) 所有油缸既可同时操作，也可单独操作。

(6) 同步控制点数量可根据需要设置，适用于大吨位物体的同步位移。

5.2.1　技术指标及原理

1）一般要求

（1）液压系统工作压力：31.5 MPa。

（2）液压系统尖峰压力：35.0 MPa。

（3）工作介质：ISOVG46＃抗磨液压油。

（4）介质清洁度：NAS9 级。

（5）供电电源电压：380 VAG，50 Hz，三相四线制。

（6）功率：65 kW（MAX）。

（7）运转率：24 h 连续工作制。

2）顶升装置

（1）顶升缸推力：200 t（多种推力可供选取）。

（2）顶升缸行程：140 mm。

（3）偏载能力：5°。

（4）顶升缸最小高度：395 mm。

（5）最大顶升速度：10 mm/min。

（6）组内顶升缸控制形式：压力闭环控制，压力控制精度≤5％。

（7）组与组间控制形式：位置闭环控制，同步精度±5.0 mm。

3）操纵与检测

（1）常用操纵：按钮方式。

（2）人机界面：触摸屏。

（3）位移检测：光栅尺。

（4）分辨率：0.005 mm。

（5）压力检测：压力传感器，精度 0.5％，压力位移参数自动记录。

4）工作原理

系统选择液压泵分别为液压缸提供恒定压力的液压油。每台液压泵本身带有一个电磁阀，以实现升、降动作。主要依据液压泵的流量对同步精度的影响选择液压泵。整个系统选用液压泵要考虑尽量缩短液压管路的长度，提高系统的可靠性、减少泄漏、提高效率。

每一组液压缸的同步动作都由一个带液压桥式整流板的电磁二位二通球阀组来控制。通过二位二通阀高频率的启、闭，使液压缸的动作始终处于受控状态,从而实现液压缸的同步动作。选用球阀能使阀的响应频率提高,泄漏量接近零,寿命延长,耐压和耐震性好。液压桥能使液压流有一个稳定的流向和流量。这个阀组还内置有一个节流阀,通过调整这个节流阀,可使不同规格的液压缸得以用在同一系统,并可使同步精度进一步提高。控制阀分散在各组,便于模块化组成,这样使扩展和维护都极其方便。

每一组液压缸均装有一个液控单向阀,可以起到短时间内锁紧液压缸的功能,防止大吨位物体下落。该阀还有在当液压管路遇到意外破损泄漏时,防止重物意外坠落的功能。该阀为球阀结构,先导操作,反应灵敏,安全可靠。

5）顶升系统控制原理

比例阀、压力传感器和电子放大器组成压力闭环,根据每个顶升缸承载力的不同,调定减压阀的压力,多个液压缸组成一个顶升组,托举起桥梁上部结构,但是如果仅有力平衡,则桥梁的举升位置是不稳定的,为了稳定位置,在每组中间安装两个光栅尺作精密位置测量,进行位置反馈,组成位置闭环,一旦测量位置与指令位置存在偏差,便会产生误差信号,该信号经放大后叠加到指令信号上,使该组总的举升力增加或减小,于是各油缸的位置发生变化,直至位置误差消除为止。由于多组顶升系统的位置信号由同一个数字积分器给出,因此可保持多个顶升组同步顶升,只要改变数字积分器的时间常数,便可方便地改变顶升或回落的速度。

6）电控系统

电子控制系统是实现同步动作的关键。同步顶升系统是一个成熟的系统,主要应用于大吨位物体在精确位置控制下的顶升和下放。它是基于闭环控制系统理论,将重物移动的位移信号作为受控参数,并可同时反映重物在液压缸受力腔内产生的压强信号。通过传感器采集这些信号,将这些信号传输至控制器。控制器接受并处理这些信号。控制器比较运算这些同类信号并和输入的允差值进行比较,当发现某一受控点有超差的可能时,控制器发出信号,让该点的二位二通电磁截止球阀动作,关闭液压油流,从而限定该点的液压缸上升或下降动作。同样当信号反馈指出该已停止点有滞后现象时,控制器发出信号,让该点的二位二通电磁截止球阀动作,开启液压油流,让该点的液压缸恢复上升或下降的动作。通过各受控点间的精确控制动作,整个同步控制系统达到一种运动中的同步目的。

由于狮子林桥顶升工程采用的同步控制系统的信号采样仅和位置有关,

并把各相关采样点置于同一系统中,形成一个闭环锁链,使得整个同步控制精度仅和控制系统的响应时间与液压缸柱塞移动速度相关。同时,也应充分考虑控制球阀的本身响应速度和传感器的误差。系统设定的响应速度是以控制球阀的本身响应速度降一个数量级来设定的,而电子系统的响应是远高于此的,这样的设定使系统的稳定性大大提高。当某一受控点的误差不能被控制器修复,控制器将发出系统错误警报,并发出信号,让各受控点的控制阀动作,切断液压油流,从而使各受控点的液压缸停止动作。直到该错误被修复,并得到重新工作的指令,系统才恢复工作。

系统核心控制装置是西门子 S7‑200 系列的 CPUS7‑224,触摸屏可以显示各个顶升油缸的受力参数,并可连接打印机,记录顶升过程数据。系统安装了 UPS 电源,确保意外断电情况发生时,数据和工程安全。

5.2.2　桥梁同步顶升技术的控制原理

通过多个液压泵源分别为多个液压缸提供液压动力源,驱动桥梁做上、下移动。通过一个控制器接收和处理由各组液压缸附近的位移传感器或油路内的压力传感器所发出的信号,并将这些信号同允许差值进行比较,控制器在处理这些信号后,指令某一液压油路中的控制阀动作来控制油流流入相关的液压缸,以达到调整误差的目的。整个液压同步控制提升系统通过这一闭环锁链式反馈系统,启闭系统内各组液压缸的运动,达到整个液压同步控制提升系统在桥梁顶升运动中同步的目的,控制流程如图 5‑5 所示。

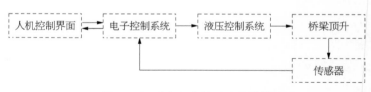

图 5‑5　同步顶升控制流程简图

5.3　顶升设计的前期准备

顶升前期准备工作包括桥梁状态检测及荷载试验、初步受力分析等,在此基础上进行顶升设计。

5.3.1　桥梁状态检测及荷载试验

由于狮子林桥的新老结构在顶升前已经分别运营了 10 年、30 年,经历强震,桥梁自身结构能否经得起顶升的考验存在很多不确定因素,必须在顶升前后进行桥梁状态检查和荷载试验。

1) 桥梁状态检查

桥梁状态检查内容主要包括外观检查和混凝土强度、混凝土碳化深度测量两方面。其中,外观检查:查明主体结构裂缝分布情况、伸缩缝的工作状态以及外露钢筋锈蚀情况等;混凝土强度、混凝土碳化深度测量:通过测量混凝土强度、混凝土碳化深度,继而评定混凝土桥梁结构的耐久性。

桥梁状态检查结果:桥梁主体结构外观检查基本合格,混凝土强度满足原设计要求,部分混凝土破损,部分钢筋和预应力钢束有一定程度的锈蚀,桥梁总体使用性能基本良好。

2) 荷载试验

荷载试验包括静、动力荷载试验两部分。静力荷载试验主要针对桥梁的最大正负弯矩截面进行等效弯矩加载,测试控制截面的应力和挠度,评定桥梁的承载能力。动力荷载试验在于了解桥梁结构的动力性能,确定结构动力系数。

动静载试验结果表明:原三跨简支单悬臂挂孔结构主体部分满足汽车- 20级荷载要求。新的三跨变截面预应力混凝土连续箱梁结构满足汽车- 15 级荷载要求。狮子林桥应力控制截面工作状态良好,满足设计顶升要求,具备顶升条件。

5.3.2　初步受力分析

1) 桥梁支座受力分析

狮子林桥老桥主跨采用悬臂拼装法施工,边跨合拢后加挂中间梁。为平衡桥梁的倾覆力矩,在两侧的桥台处主梁均设有均衡重如图 5 - 6 所示。狮子林桥新桥为三跨连续梁结构。依据设计图纸进行计算分析,得出狮子林桥老桥、新桥的

图 5 - 6　狮子林桥老桥主梁均衡重

支座反力如表 5-2、表 5-3 所示。

表 5-2　狮子林桥老桥支座反力表　　　　　　　　　　　　　　（kN）

支座位置	一期恒载	二期恒载	活　　载	
			4 车道汽车-20 级	挂车-120 级
边墩	2 790	255	1 090	1 130
中墩	14 600	3 120	2 436	1 970

恒载＋汽车荷载：边墩总反力 4 135 kN,中墩总反力 20 156 kN

表 5-3　狮子林桥新桥支座反力表　　　　　　　　　　　　　　（kN）

支座位置	一期恒载	二期恒载	汽-15	合　　计
边墩	477	202	362	1 041
中墩	4 464	1 679	713	6 856

恒载＋汽车荷载：边墩总反力 1 041 kN,中墩总反力 6 856 kN

顶升过程中,千斤顶需要克服以上恒载引起的支座反力,实现桥梁长高。

2）抗倾覆验算

当中跨考虑恒载＋活载,边跨只考虑恒载时,结构处于倾覆最不利状态。

中跨悬臂端恒载＋活载对中墩的弯矩：$M_{中}=117\ 157$ kN·m

边跨梁及均衡重对中墩的弯矩：$M_{边}=172\ 175$ kN·m

$\mu=M_{边}/M_{悬}=172\ 175/117\ 157=1.47>1.3$,抗倾覆验算通过。

5.4　顶升设计要点

狮子林桥顶升工程设计原则如下：施工方案合理,减少施工投入,重视环境保护,文明施工,严格控制弃渣、噪声等污染。

5.4.1　顶升顺序设计

狮子林桥属于三跨连续箱形梁结构,纵桥向必须整联同步顶升,避免过大支座不均匀沉降带来的影响。在横桥向上,新桥为人行通道,老桥为机动车道,在功能上互不影响,有隔离带区分其功能,同时在结构上容易分离,由于新老桥结构独立,可分别进行同步顶升,尽量降低对交通影响,同时可降低对顶升系统的要求,降低顶升总成本。顶升后桥型布置如图 5-7 所示。

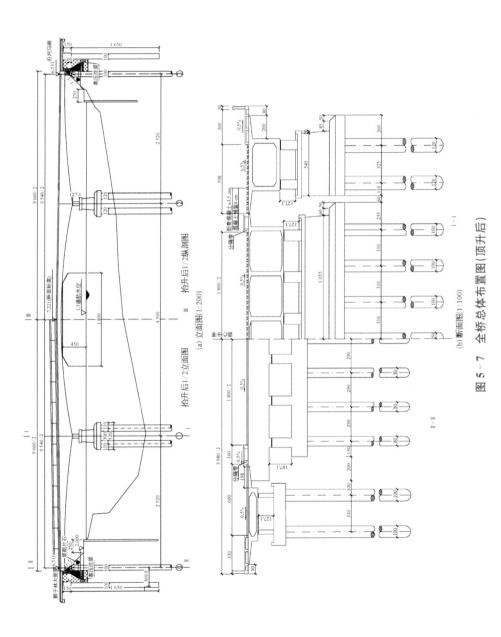

图 5 - 7　全桥总体布置图(顶升后)

5.4.2 控制区域划分

根据桥梁结构外形及支座反力计算结果划分顶升控制区域,狮子林桥老桥分为 8 个控制区域(图 5 - 8,新桥相同),控制区域的划分主要考虑桥体结构对称分布、ENERPAC 同步顶升系统标准产品的控制点为 8 个。控制点设置原则是确保顶升过程的同步性、使桥体的姿态容易控制、经济指标合理。

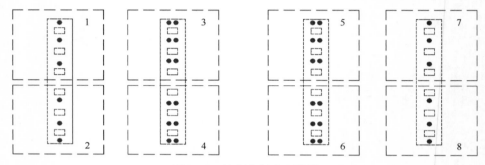

图 5 - 8 控制点划分示意图

每个控制区域设置一个位移传感器控制位移的同步性,根据结构不均匀沉降敏感性分析结果,位移同步精度控制在 5 mm。每个区域的液压缸通过液压管路串通实现液压同步。8 个位移传感器与中央控制器相连形成位移的闭环控制,从而实现顶升过程中位移的精确控制。考虑桥梁的纵向长度和横向宽度,在每个控制区域设置一个电动泵站提供油源,每个电动泵站供应本区域的液压缸动力,以使液压软管的长度最短,8 个电动泵站由中央控制器统一控制。

5.4.3 液压缸布置

根据狮子林桥现状,考虑在老桥的中边墩和新桥的中墩布置顶升液压缸。液压缸可提供的支撑力应平衡狮子林桥新老桥恒载支座反力,并留有一定富余量,因此,根据桥梁现状和狮子林桥新老桥支座反力分析结果,在老桥每个中墩处布置 12 台 200 t 液压缸,在每侧边桥墩布置 6 台 200 t 液压缸。新桥每个中墩布置 6 台 200 t 液压缸,每个边墩布置 2 台 200 t 液压缸,老桥中边墩及新桥中墩液压缸布置如图 5 - 9~图 5 - 11 所示。为便于分级顶升过程中的检测与调整,在每台液压缸的周围布设临时钢支撑。

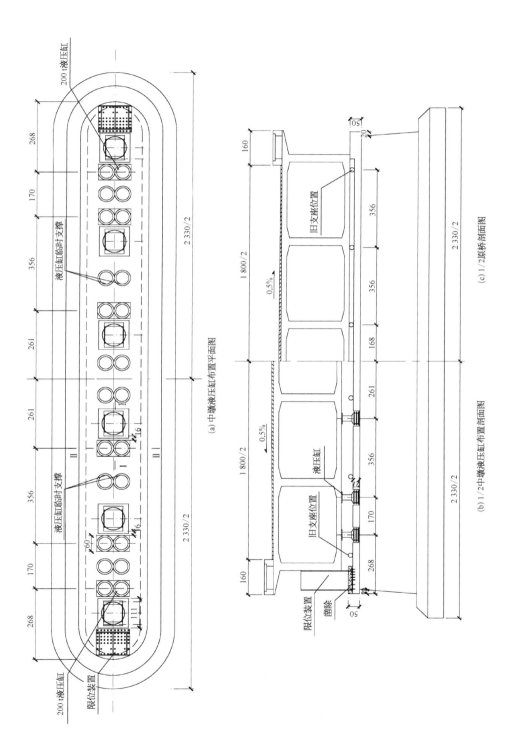

(a) 中墩液压缸布置平面图

(b) 1/2 中墩液压缸布置剖面图

(c) 1/2 原桥剖面图

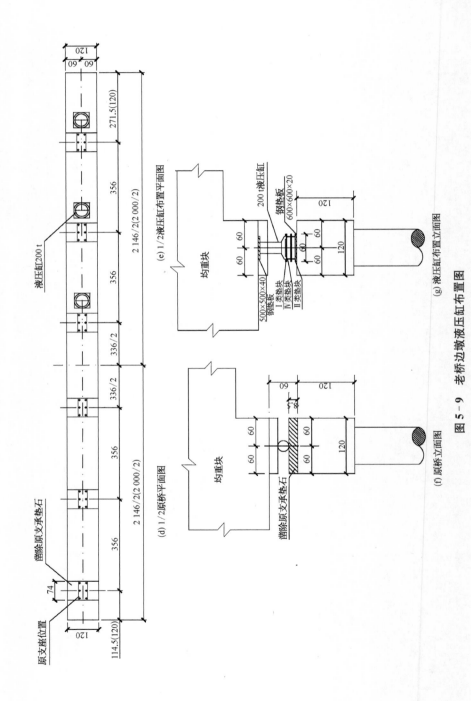

图 5 - 9　老桥边墩液压缸布置图

168

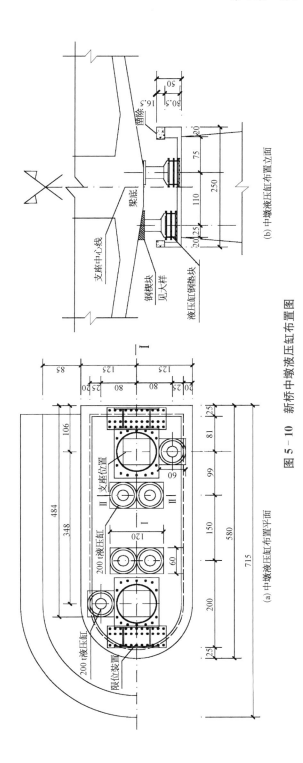

图 5 - 10　新桥中墩液压缸布置图

图 5‑11　顶升液压缸

新桥边墩为四氟板橡胶支座,高 4.8 cm,若采用超薄液压缸,顶升时需更换千斤顶,增加顶升作业时间及风险。因此,采用在新桥边墩设置钢结构临时支撑、临时支撑上放置顶升千斤顶的方案,降低顶升过程风险如图 5‑12所示。

液压缸每级行程有限,在分级顶升过程中,每一级行程设定为 100 mm。为满足液压缸分级置换以及置换时的临时支撑措施要求,专门设计 6 种类型的钢垫块,每一层钢垫块通过 $\phi 20$ 的螺栓进行有效连接,保证钢垫块牢固可靠如图 5‑13所示。

5.4.4　支承垫石及支座

狮子林桥整体抬升 1.271 m,抬升后,可采用加高桥墩或加高垫石的方式实现桥梁长高。在原墩台表面加高实体钢筋混凝土桥墩,对结构影响较大;而加高支承垫石的方式对原下部结构影响最小。鉴于顶升后的狮子林桥支承垫石超高,因此,采用钢管混凝土垫石,由于钢管对混凝土强大的套箍作用使其非常适合局部承压。根据垫石受力及支座安装的构造要求设计支承垫石尺寸,如表 5‑4所示。

表 5‑4　钢管混凝土支承垫石设计参数　　　　　　　　　　　　（mm）

部　　位	新桥钢管参数	老桥钢管参数
边　　墩	$\phi 650 \times 10$	$\phi 600 \times 10$
中　　墩	$\phi 850 \times 14$	$\phi 900 \times 14$

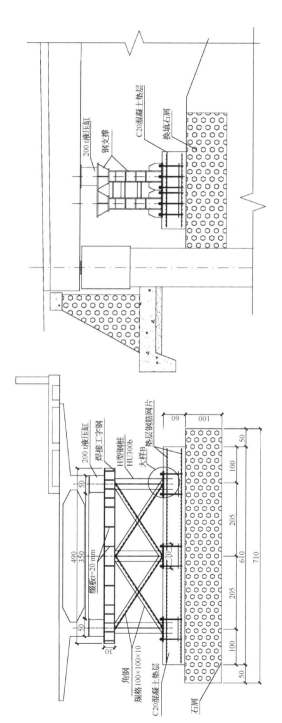

图 5 - 12　新桥边墩钢支撑及液压缸布置图

171

图 5‑13　钢垫块

中墩钢管混凝土垫石布置在原支座位置,在原支座位置植入自切底安卡锚栓,将钢管与老混凝土桥墩牢固连接在一起。新老桥顶升后支承垫石布置图、支承垫石与墩身连接构造图以及支承垫石施工现场照片如图 5‑14～图 5‑16所示。考虑施工垫石及支座的需要,将狮子林桥整体顶升至 1.5 m 高度,新支座安放就位后,再落梁到 1.271 m。

老桥支座中墩为铸钢固定支座,边墩为铸钢辊轴支座,而这种支座现在已不再生产。在桥梁整体顶升后,新老桥中墩设计采用盆式抗震支座,支座上钢板与原桥支座预埋钢板通过焊接的方式连接,边桥台采用四氟板式橡胶支座。采用抗震支座弥补了新老桥抗震性能不足的缺点,使得顶升后的桥梁满足Ⅷ度地震要求。

5.4.5　限位措施

鉴于顶升前狮子林桥老桥已有近30年的历史,原结构有一定的损坏和变形,预应力钢束存在不同程度的锈蚀,加之简支单悬臂带挂孔的特殊结构型式,顶升过程中结构安全风险高。

在实际施工中,很难保证千斤顶的绝对竖直,因此会产生水平分力。而桥梁在顶升过程中处于飘浮状态,纵桥向及横桥向均未固定,由于液压缸安装的垂直误差等因素,在顶升过程中可能会出现微小的水平位移,为避免出现水平偏位,需在桥梁纵横向设置平面限位装置以限制桥体的水平位移,限位装置应有足够的强度和刚度。根据以往施工经验,水平力按竖直顶升力的 3% 考虑。在此基础上,采取一套有效的控制水平位移的施工方案,其关键点在于桥梁整体抬升过程中能否保证桥梁纵向稳定性、横向稳定性以及挂孔的稳定性,针对

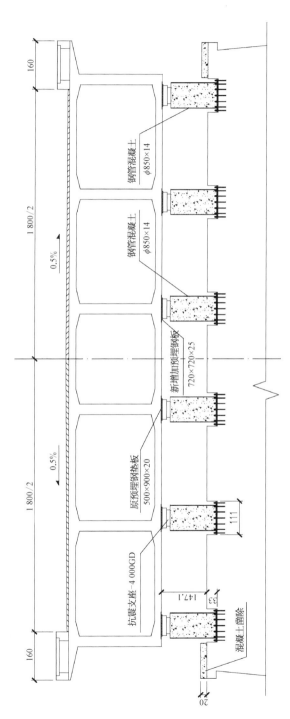

图 5 - 14　老桥顶升后中墩支承垫石布置图

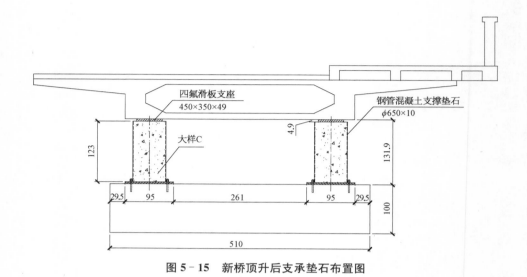

图 5‑15 新桥顶升后支承垫石布置图

图 5‑16 支承垫石与墩身连接图

抬升过程中的梁体稳定性问题分别设置纵向限位装置、横向限位装置及挂孔限位措施。

（1）纵向限位装置。

经现场查勘，原有老桥桥台台前的浆砌片石护坡已经发生水平向开裂，推断原台后重力式挡土墙已经发生位移。纵向限位装置设计时，在原桥头两侧浆砌片石重力式挡土墙之后增加一排钻孔灌注桩作为挡土结构，钻孔桩长16.5 m，采用高压注浆的方法将钻孔桩前的土和重力式挡土墙连成一体。灌注桩顶浇注盖梁，一方面作为纵向限位装置的后背墙，另一方面也作为桥头搭板的枕梁。在桥头箱梁立面利用膨胀螺栓固定槽钢，纵向限位装置一侧顶住槽钢,一侧顶住盖梁,以限制桥体的纵向位移。为了减小摩擦,在槽钢与纵向限位装置之间涂抹黄油。桥台位置纵向限位装置如图 5-17 所示。

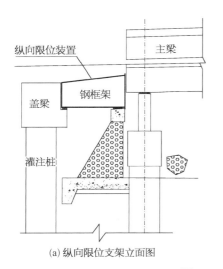

(a) 纵向限位支架立面图

(b) 纵向限位装置实拍图

图 5-17 纵向限位装置

(2) 横向限位装置。

横向限位装置为焊接钢结构,安装在中墩的桥体两侧,利用 TM20 螺栓嵌入中墩混凝土,使其与中墩连接成整体,依靠钢结构的整体抗剪和高强螺栓的抗拔力抵抗水平分力,横向限位装置布置图如图 5-18 所示。

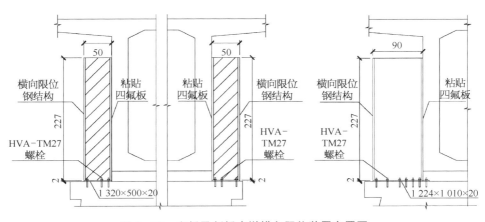

图 5-18 老桥及新桥中墩横向限位装置布置图

（3）挂孔限位措施。

将原桥挂孔伸缩缝摘除，用木楔块将缝隙塞实限制挂孔的位移。将百分表固定于伸缩缝两边，在顶升过程中由专人监测，如发现较大相对位移应及时停止顶升作业，如图5-19所示。

图 5-19　挂孔梁处限位措施

（4）限位措施在实际施工中的作用。

桥梁在顶升施工过程中，出现了比较明显的纵向位移，此时，限位装置对桥梁姿态的保证起到了关键作用。限位措施在顶升过程中有效地控制了两侧简支单悬臂结构的水平位移，根据落梁后的实际测量，桥梁整体横向位移和纵向位移分别小于 5 mm和 6 mm，达到了限位目的。顶升实践证明，限位装置非常重要，是设计人员必须重视的问题。

5.5　同步监测及应急措施

5.5.1　同步监测

为保证桥梁的整体姿态，应对结构的平动、转动和倾斜进行监测，桥梁姿态监测应设定必要的预警值和极限值，以便将姿态数据反馈给施工加载过程，同步顶升的监测贯穿于顶升全过程中。

（1）监测目的。

桥梁的同步顶升是分级完成的，顶升过程实际上就是控制桥梁姿态的过程，因此，顶升过程桥梁运动轨迹、整体姿态、结构应力监测等十分重要。在桥梁上布置多个特征点，通过监测各特征点实际到达的位置与预期位置的逼近程度判断和控制顶升过程，合理评价结构受外力作用的影响，以便及时主动采取措施降低或消除不利因素的影响，确保结构的安全。

（2）监测内容。

顶升全过程由分级顶升、临时支撑放置、支承垫石施工、落梁等组成，其间进行桥梁姿态监测、位移监测、结构内力及荷载监测，具体如下。

①　光栅尺位移控制：在 8 个控制区域均设置一个光栅尺控制位移的同步性，根据对桥梁的结构验算，位移同步精度控制在 5 mm。光栅尺固定于箱梁上，读数部分固定于桥墩、桥台上，8 个光栅尺形成对桥梁整体姿态的控制。

②　特征观测点标高监控：指监测桥墩、桥台位置沉降，用于顶升过程中的同步复核测量，以便及时发现光栅尺故障，保证桥梁整体姿态。

③　结构内力及荷载监测：监测顶升过程中结构关键部位内力及顶升力。根据应变片监测结果，评价顶升过程中结构内力变化的影响因素，以便及时、主动地采取措施，降低不利因素的影响。

（3）监测方案实施。

①　施工前监测：针对各监测点取得监测参数的初值，如观测点坐标、标高等。

②　整体顶升监测：在每个顶升行程结束后对所布测点进行高程测量，将测量结果汇总分析，为下一行程顶升提供参考数据。

③　姿态监测：指在顶升过程中对桥梁的横、纵向位移进行监测，将测量结果汇总分析，决策是否进行顶升调整，姿态监测结果记录如表 5 - 5 所示。

表 5 - 5　姿态监测结果记录

序号	监测时间	横　向　姿　态				纵　向　姿　态			
		X1	△X1	X2	△X2	Y1	△Y1	Y2	△Y2
1	×月×日								

（4）监测组织安排。

监测计划与顶升施工计划相协调，并可在实际施工过程中改进，监测结果应及时分析并指导下一步施工，监测原则：

①　预先制定的监测计划。

②　关键的施工环节进行必要的监测。

③　特殊工况发生时应补充监测。

④　监测结果出现异常时应补充监测。

5.5.2　应急措施

桥梁同步顶升施工存在一定风险，顶升过程中有一定的不确定性。针对顶升过程关键环节，假定某种意外情况发生，制定相应的应对措施，才能在紧急情况下有的放矢，及时正确的处理问题。根据本项目施工特点及以往施工经验制定如下应急措施。

（1）成立以项目经理为首，由桥梁、液压、计算机等方面的专家及技术人员组成的应急领导小组，领导小组昼夜值班，紧急情况时可随时启动应急程序。

（2）监测部位的应力、应变超过预警值时，立即停止工作并查明原因，必要时采取措施加固，并继续跟踪监测。

（3）顶升过程中偏向：发生偏向并超出允许范围时，应检查测距系统的工作情况，电线及信号线是否连通，并由另一套标高及位移测量系统进行复核。

（4）顶升系统故障：立即由专业工程师对系统进行检查，尽快排除故障，现场应有足够的备品、备件。

（5）顶升过程中单点停止工作：立即停止顶升并进行临时支撑，检查截止阀工作情况，必要时进行调换。

（6）顶升过程中各组位移差超出允许范围：检查光栅尺安装情况和各油缸给定压力，必要时进行调整。

（7）消防：根据有关消防规定配备灭火器材及其他设备。

5.6 顶升施工方案设计

狮子林桥按照新老桥的分布划分成三个顶升工程，先同时顶升两侧新桥，然后顶升中间老桥。桥梁顶升具有以下特点：顶升作业在水上，施工条件较差；墩台施工空间小，不易操作；桥梁纵横向均有接缝，对同步要求较高；桥梁使用已超过30年，结构有一定损坏和变形，预应力钢束锈蚀严重，顶升风险高。

5.6.1 施工准备

1）成立现场领导组

现场指挥组设总指挥1名，全面负责现场指挥作业；副总指挥1名，协助总指挥工作，必要时代行总指挥职责。指挥组下设4个职能小组：分别是监测组、控制组、液压组和作业组，各设组长一名，与总指挥、副总指挥共同组成现场指挥组。各职能小组的功能分别如下。

（1）监测组。负责监测桥梁的运动轨迹、整体姿态、结构变形等，定期汇总监测结果报现场总指挥,当出现异常情况或监测结果超出报警值时,应及时向总指挥汇报,并提出建议。监测组细分为宏观监测组和微观监测组,前者主要负责监测运动轨迹和整体姿态,后者主要负责应变、裂缝等项目的监测。

(2)控制组。根据总指挥命令对液压系统发出启动、顶升或停止等操作指令。当出现异常情况需紧急停止时,应自行判断并在第一时间对系统发出停止指令。

(3)液压组。负责整个液压系统的安装、维护、保养、检查与维修。根据总指挥的要求调整液压元件的设置。

(4)作业组。负责顶升期间的劳力配置并提供劳务作业,工作内容包括施工场地清理、顶推时的垫铁安装等。

各职能小组受总指挥统一指挥,向总指挥汇报工作,总指挥汇总领导组其他成员的意见后做出决策,并由总指挥向各职能小组发出指令,进入下一道工序工作。

2)人员培训

对参与顶升施工的人员进行严格的工作分工,进入现场前进行充分的培训。

3)顶升系统安装调试

(1)光栅尺体安装。光栅尺体固定于箱梁上,读数头固定于桥墩、台上,光栅尺量程为150 mm。

(2)泵站安装。顶升泵站4台,分别安装在两侧桥台和两中墩附近的桥面人行道上。泵站靠一侧放置,另一侧人行道正常通行。

(3)千斤顶分组。顶升千斤顶共设36台,按墩台位置分成4组,各组数量从东到西依次是6+12+12+6。

(4)顶升系统结构检查。千斤顶安装是否垂直牢固;限位支架安装是否牢固,限位值设值是否正确;影响顶升的设施是否已全部拆除;主体结构上已去除与顶升无关的一切荷载;主体结构与其他结构的连接是否已全部去除。

(5)顶升系统调试。

① 液压系统检查:油缸安装牢固正确;泵站与油缸之间的油管连接正确、可靠;油箱液面达到规定高度;备用2桶液压油,加油必须经过滤油机;液压系统运行正常,油路无堵塞或泄漏;液压油是否需要通过空载运行过滤清洁。

② 控制系统检查:系统安装就位并已调试完毕;各路电源接线、容量和安

全性符合规定;控制装置接线、安装正确无误;数据通信线路正确无误;PLC 控制系统运行正常,液压系统对控制指令反应灵敏;各传感器系统传输信号正确;系统升降自如;光栅尺可正常工作;各种阀工作状况正常。

③ 监测系统检查:百分表安装牢固、正确,没有遗漏;信号传输无误。

④ 初值的设定与读取:系统初始加载由液压工程师会同土建工程师共同确定并报总指挥,最终由系统操作员输入 PLC;读取控制系统力传感器和位移传感器初值或将其归零;读取监测系统中百分表的初值或将其归零。

4) 确定交验点

进场前期,对桥梁各部位现状进行测量定位,并对主桥上部结构重量及顶升设施进行详细的受力计算。进场后,首先在中墩处打入木桩,搭建水中施工平台,在桥位两端设材料堆放场及临时设施。在两侧桥台和两中墩处的桥面上分别取 2 个点,共计 8 点作为平面位置及标高交验点。顶升前测量 8 点的坐标及标高初始值,以便顶升完成后进行复核。

5) 施工机具及测量仪器

狮子林桥顶升施工中,主要采用的施工机具及测量仪器如表 5-6 所示。

表 5-6 主要施工设备、测量仪器

序 号	设 备 名 称	型号或组成	单 位	数 量
1	PLC 控制同步顶升系统	包括主控器、工控机和总线	套	1
2	总控室	/	套	1
3	顶升油缸	HC623	台	40
4	泵 站	A2F010/61RPBB06	台	4
5	水平仪	SOKKIAC40	台	2
6	经纬仪	TDJ2	台	2
7	汽车吊	16 t	台	1
8	型材切割机	J3G-400	台	1
9	电焊机	BX3-500	台	4
10	发电机	150 kW	台	2

6) 顶升施工要点

(1) 千斤顶选用。采用 200 t 千斤顶,顶身长 395 mm,底座直径 375 mm,

顶帽 258 mm。

（2）千斤顶布置。老桥采用"6＋12＋12＋6"的方式布置，新桥采用"2＋6＋6＋2"的方式布置。

（3）千斤顶分组。每个墩（台）设为一组。

（4）控制区域划分。老桥每个墩台对称划分成两个控制区域，共 8 个控制区域，新桥每个墩台划分为一个控制区域，共 4 个控制区域。

（5）施工平台。在河道墩台附近打入木桩（或钢管桩），搭设水中施工平台。

（6）临时支撑。采用 600 mm×10 mm 钢管作为临时支撑，其长度与千斤顶的顶长行程相适应，支撑间通过法兰连接。

（7）限位。为避免顶升过程中桥梁产生水平位移，纵、横向均采用钢结构进行限位。

5.6.2　顶升施工流程

狮子林桥老桥顶升详细施工流程如下（新桥顶升流程与老桥基本相同）：

（1）施工场地清理及前期工作准备就绪。

（2）施工走道及平台搭建。

（3）桥头纵向限位挡墙施工。

（4）解除桥面伸缩缝及其他联系。

（5）安装纵向、横向限位装置。

（6）墩台部位处理。

① 凿除中墩上缘混凝土抗震挡，凿除液压缸位置的部分墩顶混凝土。

② 将墩柱的液压缸安放位置用环氧砂浆找平。

③ 液压缸与墩顶之间加放一层钢垫板。

④ 将液压缸安装就位。

⑤ 液压缸与梁底之间加放一层钢垫板。

⑥ 调整液压缸设备，使千斤顶顶面与梁底密贴。

⑦ 释放中墩和边墩老桥支座，开始试顶升和上部结构称重。

（7）液压缸分级顶升。

① 完成第一级顶升后，放置临时钢垫块，放置第一层液压缸钢垫块，测量桥梁纵向、横向位移偏差量，调整位移偏差。

② 液压缸回油,放置第二层液压缸钢垫块,完成第二级顶升,再放置临时钢垫块,全过程与第一级顶升相同。

③ 逐步分级顶升,累计顶升高度 1.5 m,顶升过程与前两级过程相同。

(8) 支座部位处理。

① 拆除中墩支座,凿除支座混凝土垫块,保留原支座梁底预埋钢垫板,再用环氧砂浆找平。

② 将 TM20 螺栓嵌入中墩顶部混凝土,螺栓连接下钢垫板,钢板尺寸为1 110 mm×1 110 mm×20 mm,使其与原结构连成一体。

③ 拆除边墩支座,凿除支座位置混凝土垫块,保留原支座梁底预埋钢垫板,再用环氧砂浆找平。

④ 将 TM20 螺栓嵌入边墩顶部混凝土,在螺栓上安放下钢板,钢板尺寸为 900 mm×900 mm×20 mm,使其与原结构连成一体。

⑤ 将 350 mm×740 mm×1 mm 不锈钢板粘贴在边墩位置梁底原预埋钢垫板上。

(9) 垫石部位处理。

① 将钢管及封垫板安放到预埋钢垫板上部,用高强螺栓将上下钢板拧紧。

② 在钢管内浇筑 C30 微膨胀混凝土,注意新支座的预埋螺栓。

③ 恢复墩台平整。

④ 钢管表面抛丸除锈,等级 Sa2.5。

⑤ 涂漆要求:无机富锌底漆 80 μm,环氧云铁中间漆 40 μm,氯化橡胶面漆 80 μm。

(10) 安放墩台新支座。

① 1 号、2 号中墩设置 4000GD 抗震支座,在梁底新增加楔形预埋钢板与原预埋钢板塞焊连接。在钢管混凝土支承垫石预埋地脚螺栓与支座相连,支座底部用环氧砂浆找平。

② 0 号、3 号边墩安装 400 mm×300 mm×49 mm 的四氟滑板橡胶支座,支座底部用环氧砂浆找平。

(11) 液压缸分级落梁。

① 在混凝土强度达到 90% 后,拆除一层临时钢垫块及液压缸垫块,液压缸下落,测量桥梁纵向、横向位移偏差量,调整位移偏差,完成第一级落梁。

② 逐次分级落梁至新支座,顶升过程结束,最终落梁至顶升高度 1.271 m 位置,落梁过程同第一级落梁过程。

(12) 清除原桥桥面沥青混凝土铺装。

(13) 涂刷柔性防水层,重新铺设桥面沥青混凝土,恢复桥头及跨中伸缩缝。

5.6.3　顶升前结构称重

顶升前结构称重是为了测定桥梁的实际荷载分布。根据现有桥梁图纸,首先确定荷载的大致分布图,按荷载分布图计算各顶升缸的理论负载油压。在同步控制系统的控制下开始称重,使用百分表确认各支撑点已经分离,桥梁的全部荷载已转移至油缸上,此时,记录各点反馈的实际荷载压力及位移量。通过反复调整各千斤顶的油压,可以使各点的压力与上部荷载大致平衡,并能保证顶升过程中的位移同步,则该组数据即为最终的称重结果。如发现某一点的压力已超出液压缸安全适用范围,应及时更换该点的顶升油缸。

(1) 保压试验。

① 油缸、油管、泵站操纵台、监测仪等安装完毕检查无误。

② 按计算荷载的 $70\%\sim90\%$ 加压,进行油缸的保压试验 $4\sim5$ h。

③ 检查整个系统的工作情况及油路情况。

(2) 支座切割。

① 中墩千斤顶加压至计算荷载的 70%,关闭液控单向阀。

② 因边墩支座反力较小,为保证安全,边墩千斤顶不加压。

③ 对称间隔切断边墩支座拉杆及中墩固定支座。

④ 通过传感器、水准测量等检查桥梁姿态。

⑤ 为保证切割时桥梁安全,避免因千斤顶失压造成桥梁姿态改变,千斤顶安装时,活塞允许伸出的长度不得大于 5 mm。

(3) 称重。

① 为确保顶升过程同步,顶升前应测定每个顶升点处的实际荷载。

② 称重时依据计算顶升荷载,采用逐级加载的方式进行,在 $5\sim10$ mm 的顶升高度内,通过反复调整各组的油压,可以设定一组顶升油压值,使每个顶点的顶升压力与其上部荷载基本平衡。

③ 通过光栅尺或百分表测定墩、台处梁体位移,以判断桥梁的姿态是否

平稳。

④ 比较每点的实测值与理论计算值,计算其差异量,由液压工程师和结构工程师共同分析原因,最终由领导组确定该点实测值能否作为顶升时的基准值。

5.6.4　试顶升

试顶升主要用于检验顶升系统的可靠性及桥梁整体顶升的安全性,同时检验称重结果的真实性、可靠性。试顶升过程中要加强监测,以便为正式顶升提供可靠的依据,试顶升程序如下。

① 检查整体顶升系统的工作情况(油缸、液压泵站、计算机控制系统、传感检测系统等)。

② 按 5 mm→10 mm→20 mm→50 mm 进行分阶段顶升。

③ 顶升过程中做好观察、测量、校核、分析等工作。

④ 完成一个行程的试顶高度 100 mm。

⑤ 支撑。

⑥ 落顶。

⑦ 收缸。

⑧ 支垫。

试顶升结束后,提供测点应变、整体姿态、结构变形等情况,为正式顶升提供依据。

5.6.5　正式顶升

每个千斤顶的顶力保持不变,分级将桥梁抬升至满足支座垫石施工所需的空间高度。整个顶升过程仍由同步控制系统控制,保持八个测量点的位置同步误差小于 5 mm。当达到要求标高后,用临时钢支撑加固。试顶升后,观察若无问题,便进行正式顶升。

(1) 正式顶升。

正式顶升时须做好记录,程序如下:

① 操作:按预设荷载进行加载和顶升。

② 观察:各个观察点应及时反映测量情况。

③ 测量:各个测量点应认真做好测量工作,及时反映测量数据。

④ 校核：数据汇交现场领导组，比较实测数据与理论数据的差异。

⑤ 分析：若有数据偏差，各方应认真分析并及时进行调整。

⑥ 决策：认可当前工作状态，并决策下一步操作。

（2）支撑安装。

每个支撑厚度 10 cm，各个支撑之间通过法兰连接。为保证各个支撑均匀受力，每个支承点处增加一块 5～10 mm 的橡胶垫。

（3）顶升注意事项。

① 每次顶升的高度应稍高于垫块厚度（10 mm），能满足垫块安装的要求即可，不宜超出垫块厚度较多，以避免负载下降的风险。

② 顶升关系到主体结构的安全，各方要密切配合。

③ 整体顶升过程中，认真做好记录工作。

④ 顶升过程中，应加强巡视工作，指定专人观察系统的工作情况，若有异常，直接通知指挥控制中心。

⑤ 结构顶升空间内不得有障碍物。

⑥ 施工过程中，要密切观察结构的变形情况。

⑦ 顶升过程中，未经许可不得擅自进入施工现场。

（4）顶升过程控制。

整个顶升过程应保持八测量点的位置同步误差小于 5 mm，一旦位置误差大于 5 mm 或任何一缸的压力误差大于 5%，立即关闭控制系统液控单向阀，以确保梁体安全。

每一轮顶升完成后，整理分析计算机显示的各油缸位移和千斤顶的压力情况，如有异常应及时处理。主梁顶升并固定完成后，测量各标高观测点的标高值，计算各观测点的抬升高度，作为工程竣工验收资料。

（5）钢管混凝土支承垫石施工。

中墩钢管支承垫石布置在原支座处，利用原支座下钢板并将原墩柱预埋螺栓切割掉，重新植入膨胀螺栓，用高强螺母将钢管与支座下钢板紧密牢固连接。将边桥台原支座下钢板地脚螺栓和凸出的 20 cm 混凝土凿除，在原支座位置重新植入膨胀螺栓，并用高强螺母将钢管与老混凝土紧密牢固连接在一起。

（6）落梁就位。

钢管混凝土支座垫石施工完毕并达到设计强度后，安装新支座，将桥梁逐级下落至设计高度。整个下落过程仍由同步控制系统控制，保持八个测量点的位置同步误差小于 5 mm。当梁体落到新支座后，固定中墩支座，整个顶升过程结束。

狮子林桥顶升工程总工期为 72 d，其中新老狮子林桥在开工后 7 d 内进行施工检测。

由于时代的局限，旧狮子林桥桥梁功能并不尽完善，本次抬升设计中，针对桥梁抗震进行了补强，提高了桥梁抗震性能，同时增加了桥面防水功能，新增桥头搭板，有效解决了桥头跳车问题。对狮子林桥桥体及桥头堤岸的景观改造使得抬升后的狮子林桥成为海河上一道新景观如图 5-20 所示。狮子林桥顶升方案安全、快捷、经济、合理，为旧桥改造开辟了新径。

图 5-20　改造后的狮子林桥

第 6 章

北安桥改造工程

北安桥建于 1973 年,由于天津地面整体下沉严重,为满足通航要求,桥梁需要整体抬高。同时,北安桥位于交通要道,交通压力极大,既有桥梁需要加宽。因此,提出先顶升既有桥梁,再建设加宽桥梁,最后进行整体建筑景观改造的设计方案,同时解决了原北安桥通航净空不足、通行能力不足的问题。北安桥景观提升工程采用了结构与桥梁建筑艺术相结合的设计方法,使之成为满足城市发展、焕发既有桥梁建筑生命力的典范之作。以下分别针对北安桥桥梁顶升工程、加宽工程、景观提升工程三部分展开详述。

6.1　北安桥历史背景及改造内容

6.1.1　历史背景

天津海河北安桥始建于 1939 年,原为木结构桥梁,建成后称"新桥""日本桥"。1945 年抗战胜利后,该桥进行了重新拆建,更名为"胜利桥"。1973 年,体现当时先进建桥技术的预应力混凝土结构桥梁取代了原胜利桥,更名为"北安桥",如图 6-1 所示。

图 6-1　改造前的北安桥

北安桥分三跨布置,上部结构为简支单悬臂中间带挂孔的变截面预应力箱梁,跨径布置为 24 m+45 m+24 m,中间挂孔长 8 m。横断面 24.6 m,布置为 0.3 m 栏杆+3 m 人行道+18 m 机动车道+3 m 人行道+0.3 m 栏杆。下部结构中墩采用钻孔灌注桩、钢筋混凝土实体墩、钢制固定支座。边墩采用钻孔灌注桩、钢筋混凝土盖梁、铸钢辊轴支座,两侧桥台后均设有重力式挡土墙,桥型布置如图 6-2 所示。

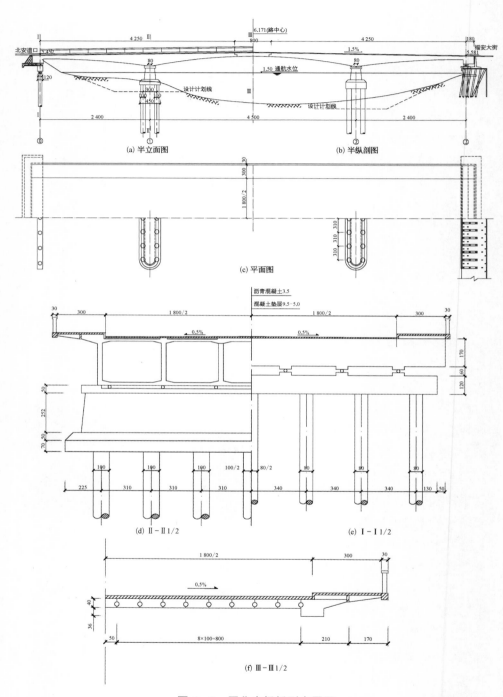

图 6‑2 原北安桥桥型布置图

2003 年,北安桥开始本次改造工程,桥梁整体抬升 1.55 m,在原桥两侧各加宽 9 m,并对抬升、加宽后的北安桥进行景观提升。

6.1.2　改造内容

根据 2003 年天津市政府"用 3～5 年的时间基本完成市区海河两岸综合开发改造"的规划要求,制定改造原则:

① 根据海河通航规划要求,原桥需整体抬升,使梁底高程满足Ⅵ级通航河道净空要求。

② 根据道路规划要求,在原桥两侧各加宽 9 m,其中 6 m 为机动车道,3 m 为人行道,新建桥梁主跨与原桥相同,跨径布置同时考虑亲水平台在桥下行人的通行和海河西路下沉式路面的跨越。

③ 综合考虑海河两岸深厚的历史文化背景,结合原有桥梁的结构型式进行建筑装饰。

根据上述要求,原北安桥需抬升 1.55 m,使梁底高程满足Ⅵ级航道通航要求。北安桥新建加宽桥采用 25.5 m＋45 m＋25.5 m 的三跨变截面连续钢箱梁结构。北安桥东西两个桥台台后各设置一个景观亲水平台通道,考虑现场施工交通组织工期限制,福安大街一侧布置一跨 6 m 普通钢筋混凝土简支板梁和一跨 25 m 先张预应力简支板梁,北安道侧布置一跨 4.45 m 普通钢筋混凝土简支板梁和一跨 6 m 普通钢筋混凝土简支板梁,分别搭设在老桥平衡重块、新建加宽桥边盖梁之上。

北安桥的整体抬升、两侧新建钢桥以及新旧桥建筑景观的设计,把桥梁结构和建筑艺术有机地融为一体,并使之成为天津市旅游及景观的标志之一。北安桥改造工程中,主要完成以下工作内容。

① 进行全桥检测,查明结构病害及成因。

② 在对既有结构进行详细调研分析的基础上,对北安桥实施同步抬升。

③ 设计新建加宽桥。

④ 考虑桥梁结构受长期动荷载的特点,在保证景观协调统一的前提下,将桥梁装饰结构与桥梁受力结构进行细部的分离处理,解决大体积雕塑石材整体高空悬挂的技术难题。

⑤ 改进原桥设计缺陷,增加抗震措施、增加桥面防水层等,延长老桥使用寿命。

6.2 桥梁病害检测及维修方案

6.2.1 桥梁病害

改造前,北安桥已安全运营 30 年,病害较严重,分析原因:① 原北安桥未设置防水层,致使桥梁雨水、化雪盐水下渗侵蚀桥梁主体;桥面伸缩缝破坏后,不再具备防水功能,造成雨水下渗,导致梁端和牛腿部位的碱蚀破坏;桥墩裂缝与混凝土老化和潮湿的环境有关;悬臂拼装体系,主梁两箱接缝部位桥面渗水导致碱蚀。主梁、墩柱及附属结构病害分别如下。

1) 主梁

（1）挂孔牛腿部位混凝土碱蚀病害严重,主梁端部混凝土脱落、钢筋裸露,长约 1.2 m(如图 6-3 所示)。

图 6-3 挂孔牛腿部位碱蚀、露筋

图 6-4 桥台与梁端接缝处漏水碱蚀

（2）桥台与梁端接缝处有漏水碱蚀现象,每处接缝长约 1.7 m,共约 6.8 m²(如图 6-4 所示)。

（3）1 号墩上游主梁 0 号块根部开裂,裂缝宽 3.2 mm,长 48 cm。

（4）1 号墩边跨两箱接缝位置碱蚀面积 50 cm×30 cm。

2) 墩柱

（1）1 号墩 3 号、4 号支座下方墩帽开裂,裂缝长度分别为 112 cm 和 325 cm。

　　(2)1 号墩外侧有 13 条裂缝,2 号墩内侧有 4 条裂缝,主要分布在墩帽上,裂缝宽约 1.5 mm,长约 20 cm。

　　3)附属结构

　　(1)人行道板:人行道板底面悬臂部分根部混凝土破碎,钢筋裸露,破坏面积合计约为 8.8 m²。

　　(2)伸缩缝:橡胶条破坏,致使伸缩缝失去防水防污功能。

　　(3)人行道花砖缺失 102 块,每块 10 cm×10 cm。

　　(4)支座老化。

6.2.2　维修方案

　　(1)凿除主梁及墩柱帽梁损坏的松散混凝土,钢筋除锈,刷阻锈剂,用灌浆料或奥克砂浆修补,损坏严重的部位采用碳纤维进行局部补强。

　　(2)修补牛腿,牛腿及易碱蚀部位做防水处理,用柔性防腐材料封闭拼装缝。

　　(3)更换混凝土挂孔及桥梁支座。

　　(4)由于全桥连续缝处均有不同程度的开裂,且桥面系部分损坏,因此,将桥面铺装全部铲除,并增设桥面防水层,重新施作桥面铺装。

　　(5)设置泄水管,将原伸缩缝更换为 TS－80 伸缩缝,设置引水槽。

6.3　北安桥顶升工程

　　北安桥抬升工程由计算机控制,将不同液压缸间的抬升精度控制在毫米级,该方法可实现对现有桥梁结构影响最小。通过计算分析,规定不同液压缸间的同步误差不能超过 5 mm。与狮子林桥类似,北安桥为三跨连续、中间带挂孔结构,为保证桥体的整体稳定,确保顶升安全,北安桥采用整体同步顶升方案。北安桥顶升工程顶升控制区域划分、监测方案和应急措施与狮子林桥类似,不再详述。

6.3.1　初步受力分析

　　原北安桥主跨采用悬臂拼装法施工,即先浇筑中墩 0♯块,并与中墩临时锚固,然后逐块悬臂拼装,待边跨合拢后加挂中间梁。为平衡桥梁的倾覆力矩,在两侧桥台位置主梁均设有均衡重。依据有关设计图纸及资料,计算原桥的支反力如表 6-1 所示。

表 6-1　北安桥支座反力表　　　　　　　　　　(kN)

支座位置	一期恒载	二期恒载	活　载			恒载+活载
			汽车-15级	挂车-100级	4列汽车	
边桥台	2 738	180	354	943	1 090	4 008
中　墩	10 314	2 202	791	1 641	2 436	14 952

在恒载和汽车荷载作用下,各支座反力如下。

边桥台支座反力:$R_A = 4\,008$ kN;

每个支座反力为 $R_{A1} = 4\,008/6 = 668$ kN;

中墩支座反力:$R_B = 14\,952$ kN;

每个支座反力为 $R_{B1} = 14\,952/6 = 2\,492$ kN;

根据各支座反力进行顶升千斤顶设置。

6.3.2　支撑及千斤顶布置

根据反力计算结果,在每个中墩位置布置 12 台 200 t 千斤顶,在每个边桥台布置 6 台 100 t 千斤顶,考虑将顶升千斤顶直接布置在现有的桥墩和桥台上。桥体顶升后,在原支座位置浇筑钢管混凝土支座垫石,支撑在原支座之外的顶升缸不影响混凝土的浇捣,可加快施工进度。

由于桥梁中墩处梁底与墩顶之间的净空高度不足,普通 200 t 千斤顶安放困难,所以将中墩表面混凝土凿除 2~3 cm,并找平,以便安装千斤顶。在现有墩顶位置布置双排液压缸,千斤顶的上下缘均设置钢垫板以分散集中力,如图 6-5 所示。

桥台位置有足够的空间安放 100 t 千斤顶,边墩千斤顶布置如图 6-6 所示。

全桥共布置 36 台千斤顶,根据液压系统的性能,为方便顶升过程控制,将千斤顶分为四组。其中,A 组:主桥东侧桥台 6 台千斤顶;B 组:主桥东侧中墩 12 台千斤顶;C 组:主桥西侧中墩 12 台千斤顶;D 组:主桥西侧边墩 6 台千斤顶。每组均配置一台泵站及一把光栅尺,根据力及位移信号,由主控室的 PLC 控制整个顶升过程。

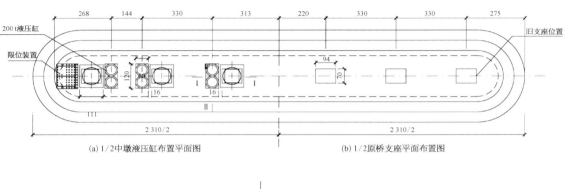

(a) 1/2中墩液压缸布置平面图　　　　　　(b) 1/2原桥支座平面布置图

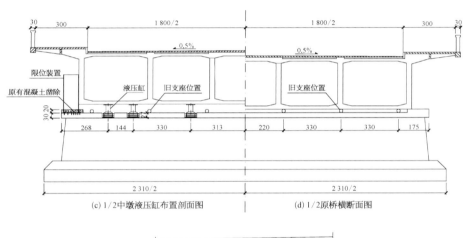

(c) 1/2中墩液压缸布置剖面图　　　　　　(d) 1/2原桥横断面图

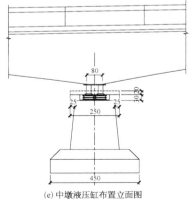

(e) 中墩液压缸布置立面图

图 6-5　中墩千斤顶布置图

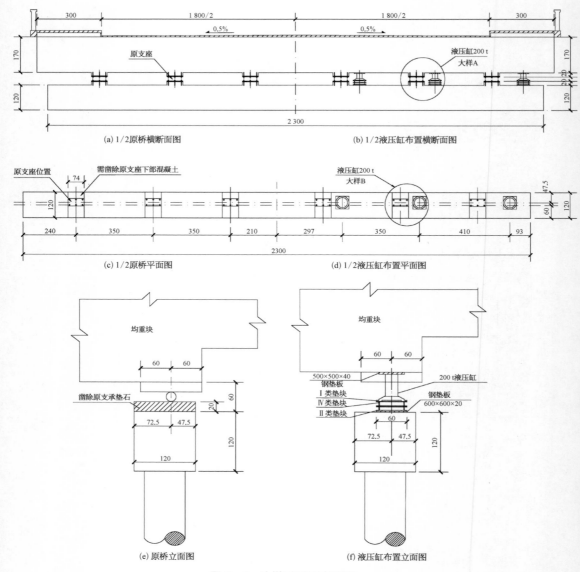

图 6-6　边墩千斤顶布置图

6.3.3　钢管混凝土支座垫石

考虑到桥梁整体抬升 1.55 m,在原墩台表面加高实体钢筋混凝土墩身会对下部结构造成较大影响,故采用加高支座垫石的形式,而钢管混凝土尤其适用于局部承压,因此,中墩垫石采用 $\phi 500$ mm $\times$ 12 mm 的钢管内浇注 C30 微膨胀混凝土（如图 6 - 7 所示），而桥台垫石采用 $\phi500\ \text{mm} \times 10\ \text{mm}$ 的钢管内浇注 C30 微膨胀混凝土。

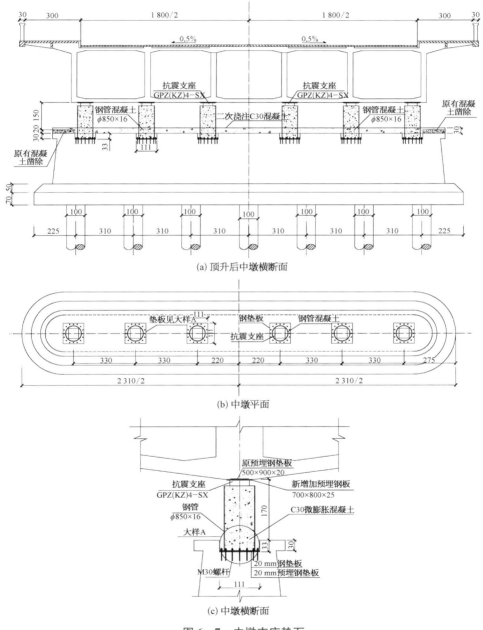

(a) 顶升后中墩横断面

(b) 中墩平面

(c) 中墩横断面

图 6 - 7　中墩支座垫石

中墩钢管混凝土垫石布置在原支座位置,利用原支座下钢板并将原墩柱预埋螺栓切割掉,重新植入膨胀螺栓,用高强螺母将钢管与支座下钢板紧密牢固连接。边桥台将原支座下钢板地脚螺栓和突出的 20 cm 混凝土凿除,在原支座位置植入膨胀螺栓,并用高强螺母将钢管与原混凝土结构紧密牢固连接在一起。为方便钢管混凝土垫石施工,北安桥整体顶升至 1.7 m,新支座安放就位后,再落梁至 1.55 m 位置。

6.3.4 纵横向限位措施

与狮子林桥类似,北安桥顶升过程中,在桥台位置设置纵向限位支架,通过纵向限位挡墙提供水平向支撑反力,通过纵向限位装置对梁体纵向限位,如图 6-8 所示。

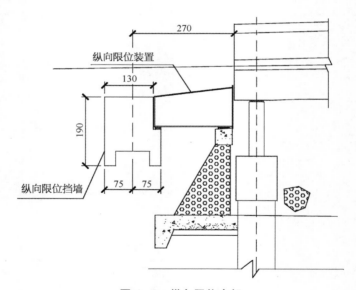

图 6-8 纵向限位支架

在中墩顶部安装特制的横向限位支架,如图 6-9 所示,利用中墩位置横隔梁限位。由于安装位置空间有限,限位支架的部分连接要在安装后现场焊接,以保证整个支架有足够的强度和刚度。限位支架固定后,旋转可调限位螺栓,使支架滑板顶紧安装于箱梁表面的导向槽钢。滑板与槽钢之间涂抹黄油,以减小摩阻力。顶升过程中,箱梁受支架滑板的限位,只能沿竖直方向滑动,可避免梁体发生水平位移。现场实地量测中墩位置的桥墩及梁体结构尺寸,在此基础上进行中墩顶部的限位支架设计，以确保支架设计及加工精度满足施工要求。

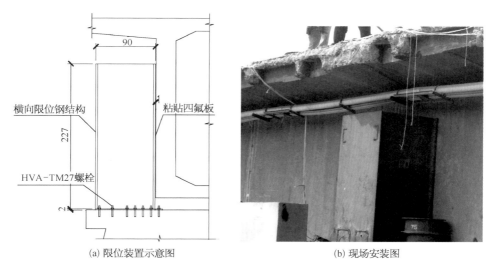

(a) 限位装置示意图　　　　　　　(b) 现场安装图

图 6-9　中墩限位装置

顶升过程中，梁体中墩位置处的横向位移受到限位装置的限制，但在主桥两侧悬臂端可能发生横向位移，使得梁体旋转。为此，在两侧的悬臂端设置限制梁体横向位移的支架，利用滚动支座的预埋螺栓将支架固定，通过滑板限制梁体的水平位移。

本工程所用顶升系统可将起顶高度偏差控制在 5 mm 以内，梁体倾斜角度非常小，因此，在顶升过程中梁体的纵横向分力可按顶升力的 5% 考虑，据此设计限位支架。

6.3.5　顶升施工要点

1）施工准备

进场前期，对桥梁各部位现状进行测量定位，并对桥梁上部结构重量及顶升设施进行详细的受力计算。进场后，首先在中墩处打入木桩，搭建水中施工平台。在桥位两端设材料堆放场地及临时设施。

2）顶升步骤

（1）测定桥梁的实际荷载分布。根据现有桥梁图纸，首先确定荷载的大致分布图，按荷载分布图计算各顶升缸的理论负载油压。在同步控制系统的控制下开始称重，使用测量仪确认各支撑点已经分离，桥梁的全部荷载已转移至油缸上，此时记录各点反馈的实际荷载压力。如发现某一点的压力已超出液压缸安全适用范围，及时更换该点的顶升油缸。

（2）初次顶升，顶升后空间需满足顶升液压缸的安放要求。由于中墩高度空间位置限制，这一阶段的顶升使用薄形油缸作执行元件。启动同步顶升位置闭环系统，将桥体逐步升高 30 cm。整个顶升过程保持 8 个测量点（每个点 3～6 台顶升缸）的位置同步误差小于 5 mm，一旦位置误差大于 5 mm，控制系统立即关闭所有同步控制阀，错误纠正后继续顶升。当达到要求高度后，安装大行程顶升缸。

（3）分段顶升，将桥体同步顶升 1.7 m。在前一阶段顶升的基础上，桥梁再次逐步抬升至足够的施工空间高度。整个顶升过程仍由同步控制系统控制，保持 8 个测量点的位置同步误差小于 5 mm，达到要求高度后用临时钢支撑加固。

（4）安装钢管混凝土支承垫石及橡胶支座。

（5）桥梁分级下落。当支座处钢管混凝土垫石施工完毕并达到强度要求后，安装支座，落梁至 1.55 m 位置，下落过程仍由同步控制系统控制，保持八个测量点的位置同步误差小于 5 mm。梁体落到新支座后，整个落梁过程结束。

3）顶升过程控制

顶升前，在主桥悬臂梁的各个角点布置标高观测点，精确测量各点的标高值，并做好记录。

在正式顶升前进行试顶升，以观察整个工作系统的运行状态是否正常。试顶升高度为 2 cm，并测量各个标高观测点的标高值，分析梁体变形情况，如差值较大，停止顶升，分析原因，进行处理。

整个顶升过程应保持 8 个测量点的位置同步误差小于 5 mm，一旦位置误差大于 5 mm 或任何一缸的压力误差大于 5%，立即关闭控制系统液控单向阀，以确保梁体安全。

每一轮顶升完成后，整理分析计算机显示的各油缸位移和千斤顶压力情况，如有异常应及时处理。主梁顶升并固定完成后，测量各标高观测点的标高值，计算各观测点的抬升高度，顶升全过程时间控制在 48 h 以内。

6.3.6　总体施工流程

总工期为 50 d,具体施工流程如下。

(1) 施工场地清理及前期工作准备就绪;施工走道及平台搭建;桥头纵向限位挡墙施工。

(2) 解除桥面伸缩缝及其他联系;安装纵向、横向限位装置。

(3) 墩台部位处理。

① 将中墩上缘的混凝土抗震挡块凿除,凿除液压缸位置处的部分墩顶混凝土。

② 将中墩液压缸安放部位用环氧砂浆找平。

③ 液压缸与墩顶之间加放一层钢垫板。

④ 将液压缸安装就位。

⑤ 液压缸与梁底之间加放一层钢板。

⑥ 调整液压缸设备。

⑦ 松开中墩和边墩老支座,开始预顶升和上部结构称重。

(4) 液压缸分级抬升。

① 完成第一级抬升后,放置临时钢垫块,放置第一层液压缸钢垫块,测量桥梁纵向、横向位移偏差量,调整位移偏差。

② 液压缸回油,放置第二层液压缸钢垫块,完成第二级抬升,再放置临时钢垫块,全过程与第一级抬升相同。

③ 逐步分级抬升至指定高度,抬升过程与前两级抬升过程相同。

④ 逐次顶升至 1.70 m。

(5) 支座部位处理。

① 拆除中墩旧支座,凿除支座部位混凝土,再用环氧砂浆找平,保留原支座梁底预埋钢垫板。

② 将 M30 高强螺杆用黏结剂植入中墩顶部混凝土,在 M30 高强螺杆上安放下钢垫板,钢板尺寸为 1 110 mm×1 110 mm×20 mm,使其与原结构连成一体。

③ 拆除边墩支座,凿除支座下部混凝土垫块,保留原支座梁底预埋钢垫板,再用环氧砂浆找平。

④ 将 M30 高强螺杆用黏结剂植入边墩顶部混凝土,在 M30 高强螺杆上

安放下钢板,钢板尺寸为 900 mm×900 mm×20 mm,使其与原结构连成一体。

⑤ 边墩处将 350 mm×500 mm×2 mm 不锈钢板粘贴在梁底原预埋钢垫板上。

(6)垫石部位处理。

① 将钢管及其封垫板安放到预埋钢垫板上部,用高强螺栓将上下钢板拧紧。

② 在钢管内浇筑 C30 微膨胀混凝土,注意新支座的预埋螺栓。

③ 恢复墩台平整。

(7)安放墩台新支座。

① 1 号、2 号中墩设置抗震支座,在梁底新增加楔形预埋钢板与原预埋钢板塞焊连接。

② 0 号、3 号边墩设置 400 mm×300 mm×49 mm 的四氟滑板橡胶支座,支座底部用环氧砂浆找平。

(8)液压缸分级落梁。

① 在混凝土强度达到 90% 后,拆除一层临时钢垫块及液压缸垫块,液压缸下落,测量桥梁纵向、横向位移偏差量,调整位移偏差,完成第一级落梁。

② 逐步分级落梁至新支座,落梁过程同第一级落梁。

③ 逐次落梁至 1.55 m。

(9)抬升过程结束。

(10)清除原桥桥面沥青混凝土铺装。

(11)涂刷柔性防水层,重新铺设桥面沥青混凝土。

(12)恢复桥头及跨中伸缩缝。

(13)顶升完成后,摘除老挂孔,安装新挂孔。更换挂孔两端伸缩缝,采用弹塑性伸缩缝。

6.4　北安桥加宽工程

6.4.1　加宽桥方案比选

针对新建加宽桥的结构形式进行方案比选。

方案一:上部结构采用钢结构变截面连续箱梁,下部结构采用钢筋混凝土墩台和钻孔灌注桩基础。

方案二：上部结构采用预应力钢筋混凝土变截面连续箱梁，下部结构采用钢筋混凝土墩台和钻孔灌注桩基础。

方案比选：方案一全部构件可以工厂制作，现场拼装，可以与原桥抬升、新建桥的下部结构施工同步进行，可以满足北安桥年底通车的要求，但造价较高。方案二变截面预应力混凝土连梁箱梁，采用满堂支架施工，下部基础施工与上部结构施工、桥梁装饰必须先后进行，而且混凝土受冬季施工条件限制，工期很难保证，但总体造价较低。综合考虑以上因素，选定方案一作为北安桥加宽方案，具体设计标准如下。

（1）新建加宽桥桥梁跨径布置为 25.5 m＋45 m＋25.5 m，结构为变截面三跨连续钢箱梁，横断面为宽 6.0 m 的单箱梁，桥面全宽 9.88 m，行车道宽 6.88 m，人行道宽 3.0 m，新旧桥之间纵向缝宽 0.02 m，纵向缝顶由焊在钢梁顶板上的搭板覆盖。桥中心轴处铺装厚 0.1 m，横向坡度 0.5%。

（2）钢梁位于直线上，桥梁纵坡为 1.5%，竖曲线的顶点位于中跨跨中。梁顶按道路线型设置，梁底按平直线和二次抛物线设置。

（3）考虑支座不均匀沉降对钢梁内力的影响，要求桥墩的相对最大沉降量不超过 20 mm。

（4）高强度螺栓：连接处接触面喷砂后涂无机富锌漆。

6.4.2　加宽桥设计

加宽桥采用钢箱梁结构，与老桥混凝土结构连接。中墩采用钢筋混凝土实体墩身、钢筋混凝土承台、直径 1 m 的钻孔灌注桩基础。边墩桩直径 1.0 m，上接直径 1.0 m 的圆形墩柱。

加宽桥上部结构钢箱梁断面如图 6-10 所示。

（1）正交异性桥面板：桥面板采用 12 mm 和 14 mm 厚钢板，纵肋为梯形闭口肋，用 8 mm 厚的钢板冷弯成形。所有桥面板纵肋均穿过横联上横肋，为使纵肋平密焊贴，箱内顶板不同厚度接头处平顺。上横肋为 450 mm 高的 T 形断面。

（2）箱梁的腹板与底板：为保证局部稳定，腹板内侧上焊有竖向和水平向的加劲肋。竖向加劲肋为 I 形和 T 形，水平加劲肋为 I 形。为使纵肋平密焊贴，箱内底板不同厚度接头处平顺。下横肋为 T 形截面，底板所有纵肋在 4 个

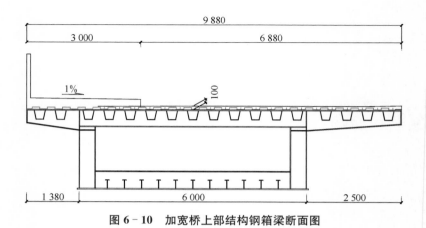

图 6‑10　加宽桥上部结构钢箱梁断面图

支承横联处焊于横腹板上，其余横联处，纵肋均穿过下横肋。

（3）加宽桥与老桥的连接：新桥钢箱梁上设置剪力钢筋网与桥面板焊接，并在与既有钢筋混凝土旧桥搭接位置设置厚 16 mm 的钢板，分别与新老桥面焊接，如图 6‑11 所示。

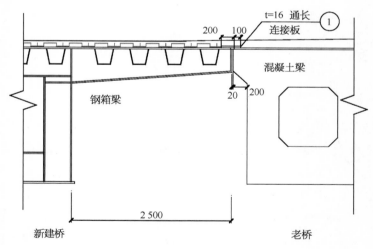

图 6‑11　加宽桥与老桥的连接

6.4.3　加宽桥施工

根据桥位处水文、地质状况，加宽桥不宜采用支架法进行全梁拼接，实际施工采用顶推、横移、落梁的施工方法，具体如下。

（1）利用既有桥和桥头两端的道路，在河东道路及抬升后的既有桥上铺设上、下滑道，并在上滑道上拼装三段钢箱梁，然后顶推至 1♯、2♯ 桥墩位置。

（2）在河东、河西各安装一段钢箱梁，并顶推至 0♯、3♯ 墩。

（3）各段钢箱梁连成整孔梁，在无应力状态下进行栓接和焊接的全部工地拼接。拼接方法：先在腹板、底板上用冲钉（不少于螺栓数的三分之一）定位，拧紧全部螺栓数的一半，再焊接桥面板及上下纵肋，最后再拧紧其余的一半螺栓。

（4）铺设横移滑道横移至新增桥桥位，横移时各台千斤顶必须同步。

（5）落梁：落梁时各台千斤顶必须同步。

施工前，应验算既有桥的承载能力，以此确定上滑道的位置和个数。顶推、横移或落梁过程中，必须采取有效措施，防止箱梁横向倾覆。为保证整个架设过程中梁段平稳和安全，安设风缆和调整位置状态的拉索，张挂孔底安全网以免人员或设备、工具下落。

6.5　北安桥景观提升工程

6.5.1　设计思路

北安桥毗邻新中国成立前的意、奥租界，根据海河两岸综合开发改造要求，在北安桥长高、变宽之后，结合原有桥梁结构形式及海河两岸深厚的历史文化背景，最终确定景观装饰风格为欧风汉韵：桥头雕塑采用西洋古典表现形式，吸取中国古代传统文化中的"四灵"题材——青龙、白虎、朱雀、玄武，寓意东、西、南、北四方平安。两条青铜压纹的"盘龙"桥墩雕像采用了中西合璧的风格，龙头、龙身、龙爪均为金色，分别盘踞桥下游两侧，仿佛从水中升腾而出，栩栩如生。桥栏柱基上四尊舞姿各异的乐女，古典欧式的照明灯具，宝瓶式石材栏杆，使大桥集欧风、汉韵于一身，把桥梁结构和建筑艺术有机地结合起来，把古典与时尚融为一体，充分体现了实用性、艺术性、观赏性的统一，成为海河上靓丽的风景线。

城市桥梁对景观要求比较高，桥梁的景观提升工程是天津老桥改造的一项重要内容，目的是打造海河旅游经济带。以北安桥为代表的天津老桥景观提升工程具有如下特点：

（1）延续性。考察桥梁是否有重要的文化意义，以使文化得以延续。

（2）经济性。通过细节处理及附属结构（栏杆、灯杆、桥头堡等）设计，达到景观提升的效果，或在小幅增加造价的前提下，对墩柱、盖梁、主梁等进行外装饰。

（3）融合性。结合周边建筑风格，做到"融入区域景观又独具特色"。

6.5.2　装饰结构设计

由于北安桥新建钢箱结构较小，自重较轻，而外部装饰结构较多，重量很大，若将外部装饰结构直接外挂在新建钢箱外侧，在最不利情况下，会引起新建钢箱结构不稳定，甚至发生支座脱空或倾侧。经多方比较，最终采用新建装饰拱方案，装饰拱与主桥结构分离，只承担装饰拱结构自重和装饰重量。考虑到装饰重量较大，跨度较长，因此采用箱形拱截面，断面尺寸为 0.8 m×0.6 m，板厚分为 20 mm 和 12 mm，箱型拱内壁布设加劲肋，如图 6 - 12 所示。对装饰结构进行静力及屈曲稳定分析，结果满足规范要求。

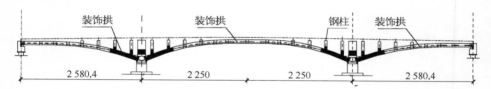

图 6 - 12　北安桥装饰拱跨径布置

北安桥顶升工程、加宽工程、景观提升工程，解决了这座老桥的桥下通航、桥上通车及景观问题。改造过程中，完成了老桥多重病害的修复工作，通过更换抗震支座提升了桥梁抗震性能。北安桥于 2005 年改造建成，至今已 13 年，装饰结构景观优美，与周围环境完美地融合在一起，成为海河上一处靓丽的风景，如图 6 - 13 所示。

图 6 - 13　改建后的北安桥

第 7 章

其他老桥的保护工作

天津是中国开埠最早的城市之一，也是老桥存在最多的城市之一，大部分老桥在海河开发改造工程中通过不同的形式得以保存。

7.1　大红桥

大红桥位于天津市河北区北营门外大街北口与北河口之间，原是一座木制拱桥，在现大红桥位置东侧。清代光绪年间，天津已成为中国北方繁忙的商贸中心，为适应日益增长的交通需求，大红桥于 1888 年改建为铁桥，成为我国最早的钢拱桥，位于子牙河与北运河汇流处，桥长约 50 m，为了满足桥下通航要求，大红桥的桥面设计高程非常高，整体造型很像一条彩虹，因而曾得名"虹桥"，如图 7-1 所示。漂亮宏伟的大红桥却因为桥体纵坡陡峭给行人带来了不小的麻烦，

图 7-1　我国第一座钢拱桥——大红桥

车辆过桥时必须前后推挽，互相扶助，非常吃力，由于桥的坡度很陡，站在桥的两端无法看到对面的人。

1924 年，大红桥因年久失修，洪水冲刷过甚而倒塌，其拱架大部沉入水中。虽几经打捞，仍有大部分桥体陷入河底淤泥当中。桥塌之后，人们在原地修建了一座浮桥以维持交通。出于交通的需要，1933 年由津海关出资开始筹建新的大红桥，该桥又称西河新桥，1936 年大红桥重建完成，桥长 80.74 m，桥宽 12.66 m，其中，车行道宽 5.5 m，两侧人行道各宽 1 m，非机动车道各宽 1.58 m，跨径布置为 12.75 m＋57.37 m＋7.12 m。其中，12.75 m 跨为人力启闭单叶立转式开启跨（现已不能启闭），主跨为钢结构系杆拱，采用钢筋混凝土墩台、美国松木方桩基础。

建成的新桥为可开启式，与其他开启桥一样，大红桥的开启时间也是固定的。但是由于该桥附近往来船只频繁，而桥的开启次数远远不能满足要求，大小船只常常滞留在河道上排队等待大红桥开启。有关单位曾专门发文要求管

理部门增加大红桥的开启次数，以达到航运通畅的目的。

　　1949年和1950年，大红桥经历了两次大洪水冲刷，导致护岸整体滑移。水利处吸取了20年代大红桥倒塌时护岸首先被摧垮的教训，加强了对护岸的整修，其投资额几乎与建桥主体工程相近，整修护岸有力地保证了大红桥的坚固耐用。

　　每个城市在发展过程中总会留下一些最初的记忆，他们就像城市的"胎记"一样，是这个城市的"根"，是这个城市的"文脉"，值得珍存。大红桥这座有着近百年历史的老钢桥就是这种最初的记忆，而对于天津市红桥区有着更加特殊的意义，因为这个区的区名就来源于这座大红桥。在新一轮的城市建设中，天津西纵快速路上将要新建一座大型立交桥——河北大街立交桥，新桥将建在大红桥现在的位置，大红桥这座古稀老钢桥即将告别津城，谢幕子牙河。大红桥命运如何？许多人的心又抽紧了，这其中包括我这个土生土长的天津人，我的导师项海帆老师得知此事，专门给天津市政府有关部门写信，请求对大红桥进行保护，大红桥得以留存。现状大红桥如图7-2所示。

图7-2　现状大红桥

7.2　金华桥

　　第一代金华桥（即后来的"金钟桥"）建于清代光绪十四年（1888年），是我国最早的开启式钢桥，位于直隶总督行馆前（现金钢桥畔中山路一端）的南运河上。1904年金华桥改建新铁桥，老的金华桥搬到金钟河上，代替原来木制的贾家大桥（今中山路与金纬路交口），更名为"金钟桥"。1920年前后，金钟河废弃，此桥又移到三条石南运河上，桥名仍为金钟桥，而新位置南侧的路便命名为金钟桥大街，1994年，金钟桥改建为钢筋混凝土结构。

第二代金华桥即新金华桥如图 7-3 所示,清光绪三十一年(1905 年),金华桥改建为双叶立转下承板梁开启式铁桥,桥长 37 m,车道宽 10.3 m,两侧人行道各宽 1.5 m,采用木结构桥面,能通行 6 t 以下车辆。1918 年南运河裁弯取直,此桥移建于北大关原北浮桥位置,成为连接北门外大街与河北大街的桥梁,1921 年竣工通行,又称"北大关桥",1982 年改建为钢筋混凝土结构。

图 7-3　新金华桥

7.3　金钢桥

金钢桥横跨海河,连接河北区、红桥区、南开区与和平区,是由中山路进入大胡同、东马路和和平区等繁华商业区的重要通道,也即现金钢桥的位置。该桥的修建源于袁世凯的"移津督政"政策。1901 年,袁世凯任直隶总督兼北洋通商大臣后,于 1902 年将原驻保定的总督衙门移驻天津,将海河北岸原淮军的海防公所改为直隶总督衙门。为了摆脱老龙头火车站的租界管制,提高其政治地位,便于往返京津两地,迁天津新址后,在河北种植园南侧斥巨资新建火车站,称"总站",即现在的天津北站。1903 年建成后,又从北站修通一条直达衙署的大马路,命名为"大经路"。为了与海河对岸相沟通,将原窑洼木浮桥改建成双叶承梁式刚架桥。该桥长 76.20 m,宽 6.45 m,桥台用条石砌筑,桥面铺木板,可以开启。因是钢结构,又有标榜桥体坚固具有超强承载力之意,故名"金钢桥",其实不然。该桥建成后不能负重,限载通行,故又于 1924 年在桥下游 18 m 处另建一座大型双叶立转开启钢桥。

新桥由美国施特劳斯公司设计并供应材料,中国大昌公司负责安装。桥长 85.80 m,宽 17 m,两旁各有 2 m 宽的人行道,桥墩为钢筋混凝土结构。桥面可以从中间用电力操纵吊起开成八字形行船,形式很像古代护城河上的吊桥。新桥仍称为金钢桥，老百姓俗称其为"新铁桥"。此桥也即为1996年改建前之金钢桥。新桥建成，大经路也于是年铺成沥青路。当时，从北站通过宽阔的大经路跨越金钢桥，直达海河对岸，交通极为方便。新桥建成后，老桥即成便桥，1927年停用。1942年，侵华日军将桥梁拆除制造军火，仅余下四座桥墩。1981年，为缓和新桥上交通拥挤堵塞状况，利用老桥墩整修加固成钢架便桥，未用多年又废弃。

海河上很多建于当时的著名桥梁在之后的岁月中均经历过多次修缮，金钢桥就是其中之一。据档案记载，1945年，金钢桥的桥面及便道板因为久未修理已破败不堪，对往来频繁的车辆行人构成很大危险。主管部门对其进行了一次较系统的翻新维护，更换了大部分的桥面材料，使得该桥得以重新投入运营。新桥自1924年建成至1996年已有近百年历程，又因年代久远，桥底钢板已经锈蚀，桥身亦不能启动，且桥体整体下沉成危桥，亟须改建。现在横跨于海河之上的彩虹式金钢桥就是在新桥基础上于1996年年底重建的，仍沿用原桥名。重建后的金钢桥为双层拱桥，下层桥利用旧桥墩改建为三孔钢与混凝土组合的箱梁桥，上层桥采用三孔中承式无推力拱桥结构。重建后的金钢桥造型新颖、美观，体现了很强的时代感，为海河又新添一道宏伟靓丽的新景观。

屈指算来，时至今日，重建前的金钢桥已有百年历史。从文物与历史角度讲，可与仍屹立于海河之上的金汤桥、解放桥并称为三个"老古董"，价值极高。为了承继历史，重建金钢桥后，按缩小比例复制了原金钢桥，并置于附近的金钢公园内，让人们仍能一睹重建前金钢桥的风貌，如图7-4所示。

图7-4　金钢公园一角

碑文记载：金钢桥始建于 1903 年，为长 76.4 m、宽 6.45 m 的三孔铁桥，后失修停用。1924 年，为适应天津商埠发展之需，乃重修金钢桥，桥长 89.8 m、宽 14.15 m，共三跨，中跨长 42.6 m，主桥结构为铆接钢桁架形式的双叶立转开启桥，历经 72 载，遂成危桥，且不堪维修，于 1996 年对其进行改建，拆除老的立转式开启铁桥，建成双层桥梁，下层桥利用旧桥墩改建为三跨钢-混凝土组合梁桥，上层新建三跨系杆拱桥，主跨 101 m。在金钢桥旁建金钢公园，并按 1：20 的比例建成金钢桥模型，以作纪念。

金钢公园与改建后的金钢桥近在咫尺如图 7-5 所示，金钢桥老桥缩尺模型和崭新的金钢桥同入一画，分别记录了跨越百年的两个时代。

图 7-5　新老金钢桥

参考文献

[1] 项海帆等.中国桥梁史纲(新版)[M].上海：同济大学出版社,2013.

[2] 天津市政工程局地质勘探队.天津地面沉降问题的探讨[J].勘察技术资料,1973(04)：24－31.

[3] 李国豪.李国豪关于上海市苏州河上桥梁的意见书[J].档案与史学,2004,(5)：64－65.

[4] 徐兴玉.预应力混凝土桥在上海市的应用与发展[J].公路,1965(2)：17－18.

[5] 贾国锁,王沛,张轶强.茅以升关于赵州桥的亲笔信和手稿[J].文史精华,2004,24(2)：60－62.

[6] 严定中,韩振勇.天津市海河桥梁建设综述[C]//中国土木工程学会桥梁及结构工程分会.第十八届全国桥梁学术会议论文集(上册).北京：人民交通出版社,2008：19－30.

[7] 韩振勇,张振学,张显杰,等.天津海河开启桥的修复与加固[J].工业建筑,2006(s)：346－351.

[8] 奚鹰,宋木生,陈华,等.金汤桥开启系统的复原与改进[J].同济大学学报(自然科学版),2006,34(10)：1378－1382.

[9] 奚鹰,宋木生,张炳安,等.平转式开启桥的传动机构复原与改进研究[J].机械设计,2005,22(s1)：111－112.